生活能治愈的，是愿意好起来的人

朱成玉 著

新世界出版社
NEW WORLD PRESS

图书在版编目（CIP）数据

生活能治愈的，是愿意好起来的人 / 朱成玉著．--北京：新世界出版社，2023. 3
ISBN 978-7-5104-7658-7

Ⅰ．①生… Ⅱ．①朱… Ⅲ．①成功心理—通俗读物
Ⅳ．① B848.4-49

中国国家版本馆 CIP 数据核字（2023）第 007427 号

生活能治愈的，是愿意好起来的人

作　　者： 朱成玉
责任编辑： 周　帆
责任校对： 宣　慧　张杰楠
责任印制： 王宝根
出版发行： 新世界出版社
社　　址： 北京西城区百万庄大街 24 号（100037）
发 行 部：（010）6899 5968　（010）6899 8705（传真）
总 编 室：（010）6899 5424　（010）6899 6679（传真）
http://www.nwp.cn　http://www.nwp.com.cn
印　　刷： 吉林省吉广国际广告股份有限公司
开　　本： 880mm × 1230mm　1/16
字　　数： 200 千字　　**印　张：** 19
版　　次： 2023 年 3 月第 1 版　2023 年 3 月第 1 次印刷
书　　号： ISBN 978-7-5104-7658-7
定　　价： 58.00 元

前言

这是一本什么样的书呢？我想说，这是一本疗愈之书。

有一次去青藏高原，高原反应令我头晕目眩，呼吸急促。这让我明白一个道理：有些高处，不适合自己。

老了，不再喜欢往高处爬，更喜欢往低处去，喜欢和小摊贩们聊天，喜欢老树下扎堆，观棋不语。喜欢家里饭菜的味道，推掉的应酬越来越多，手里拎着的果蔬一次比一次新鲜。

老了，终于明白，要认真去爱在世的亲人，忘掉心里的那些敌人。愤怒时尽量控制分贝，听到不雅的话也轻易不皱眉和离席。坚定地认为蟋蟀和梅花一样可爱，愚笨比聪明更为金贵。

心情烦闷的时候，麻雀的叽叽喳喳也令人恼怒，我不禁拿起一颗小石子，轰赶它们。心情平复的时候，鸟声又是一种美好的调剂，幸运的是，我愤怒的石子并没有真正赶跑它们，它们依然在我的阳台上方叽叽喳喳，它们的宽容，令我欢喜，也令我羞愧不已——生命中，另外一些被我“赶跑”的人和事，多久不曾回来过了？

这让我想起孩童时家里养的两头驴子，关在同一个马厩里，它们相互发泄着不满，很是闹腾，牵走一头吧，可另一头就变得焦躁不安。原来那些不满，也是它们在一起的意义。

远的地方叫远方，更远的远方叫遗忘。人过中年的我，收获着越来越多的遗忘。慢慢地，我终将变成一个失忆的老人，胸牌上的电话号码是我与世界的唯一联系。迷路的时候，只能求一个路人帮忙拨通电话，等着电话那头的亲人前来把我认领回去。

一位记者说过，即便开了一辆老掉牙的破车，只要在前行就好，偶尔吹点小风，这就是幸福。幸运的是，我留下过一些文字，还有人记得，哪怕很短暂。所以，我也没有理由悲伤。

从前，遇见空的东西，总喜欢往里面填充另外的东西，以使其丰盈。

比如，遇上一面白墙，总喜欢涂鸦；发现一块平整的雪地，总喜欢印上脚印；遇到一个空瓶子，总喜欢插上花，或者灌入烈酒，顺便泡点儿中年人的枸杞……

如今，见到空的事物，反倒喜欢让它们就那样空着。

在我的读者群里进行过一场小讨论：你是希望成为一棵草还是一棵树？读者们莫衷一是，我的答案是，只有成为小草之后，才会想着去成为大树；或者成为大树之后，才想着做小草也不错。

只有感受了小草的温度，才会去梦想大树的高度。或者是，只有领略了大树的高度，才会去惦念小草的温度。这几乎就是人的欲望轨迹。人的欲望总是在经历了一些事，以及一些时间之后，有了顿悟，才会收紧。

多少人拼命努力，其实就是为了拔掉内心那棵自卑的野草，可是它的生命力实在太过强大，你获得再多的金钱，得到再多的赞美，它都不会消亡，你永远无法斩草除根。

人的一生，充斥着光与影的游戏。沟沟坎坎，跌宕起伏，任何一种剧情都有可能上演。往往是，有心栽花花不开，无心插柳柳成荫，生命，顺其自然就好。如果每个人都是一本敞开的书，那么风吹开哪一页，就读哪页好了。

我们这一生，要经历很多，且不说出身和成长环境有云泥之别，单说际遇，每个人都会有站在高处的欢喜，也会有跌落谷底的至暗时刻，因此，在任何一种环境下都要保持一颗喜乐的心，站在高处不傲世，跌落低处不沮丧。每一根扎过你的荆棘，都将通过它的尖锐，为你输入神秘而又富含钙质的养分。有了痛苦，才知道幸福在哪里。能在细微的小事中感知到欢喜的人，才能寻找到真正的幸福与快乐。

每一段时光都有陪伴你的人，而后很多人走散了，此刻你不必难过，只是生命里注定他 / 她只能陪你那么久。能陪你开心地笑一次，伤心地流一次泪，就足以令我们感念。

我曾经在一篇文章中写过一个酒鬼，人人都像躲避瘟神一样躲着他。别人越是躲他，他就越是讨人嫌，不是敲敲你家的门，就是拍拍他家的门，再猛吼几嗓子，搅得人家鸡犬不宁。

他在人们鄙夷的眼神里缩着身子，苟延残喘地过活。他是生活中的不幸者，妻子出车祸，孩子得了重病，双双离他而去。他每日里只能借酒消愁，常常喝得酩酊大醉。他清醒的时候很少，或许他最怕的就是清醒，回忆要漫上来的时候，他就用烈酒把它们压下去。

他怕回忆，因为他的回忆里都是鲜红的血泪。曾经，他是一名酒吧歌手，充满激情地歌唱生活，歌唱爱情，歌唱所有打开窗子后扑面而来的事物，然而，自从悲剧发生之后，他的屋子里再没有了歌声。曾经被他视为生命的嗓子，他也不再去爱护，那些烈酒烫伤了他所有附着音乐的神经。

他的心底，早已没有了歌。没有人和他说话，所有人都躲着他，包括满巷子奔跑的孩子。大人们告诫孩子，小心他耍酒疯，会打人的。孩子们便都很怕他。

他少言寡语。他的院子死气沉沉。他和我同龄，但看上去却像我的长辈。

人世辽阔，有那么多的孤独需要抵抗，还有那么多的台词需要牢记于心。如果人生是一场戏，你的演技不好，台词总要熟练些。

一个住在灰屋子里的人，长时间在灰屋子里待着，心也跟着黯淡了，所以经常会没有做任何事的念头，偶尔有点儿想法，往往是瞪着自己灰暗的天花板看着看着就开始想，算了。一个住在绿屋子里的人，总是订购一大桶一大桶的涂料，过一段时间就把客厅的墙粉刷一下，他发现每次心情不好，就不自觉地想在墙上刷刷画画，每次画着画着就开始有了各种欢快的想法，有了想法就热血沸腾。

可见，你需要有一颗向上的心，才能感受到更多的阳光。

只有自己愿意好起来，生活才会给予奇迹和美好。

多少人的人生不是如此呢？辛辛苦苦，披星戴月，赶着大早，却只为了挤那辆开往生活彼岸的末班车。人生只有一次，要活得酣畅淋漓，去做想做的事，去见想见的人，去享受生活的喜怒哀乐，才能在岁月流逝中，把眼前的苟且活成诗和远方。要知道，近处的景，身边的人，我们常常忽略。回过头去，你依然是最美的那一个。我们要做在时间的流沙上留下脚印的人，而不是在沙发上留下坐痕的人。

叔本华说，记录在纸上的思想就如同某人留在沙上的脚印，我们也许能看到他走过的路径，但若想知道他在路上看见了什么东西，就必须用我们自己的眼睛。所以，你得走出去，用双脚去丈量生命，而不是蜷缩在沙发上，盯着命运的天花板上一只蚊子的挣扎。

人生的课堂上允许你偶尔打个盹儿，但不允许你总是睡大觉。可以打哈欠，但不许哈欠连天。如果你自己不作为，就别怪天公不作美。因为生活能治愈的，永远是愿意好起来的人。

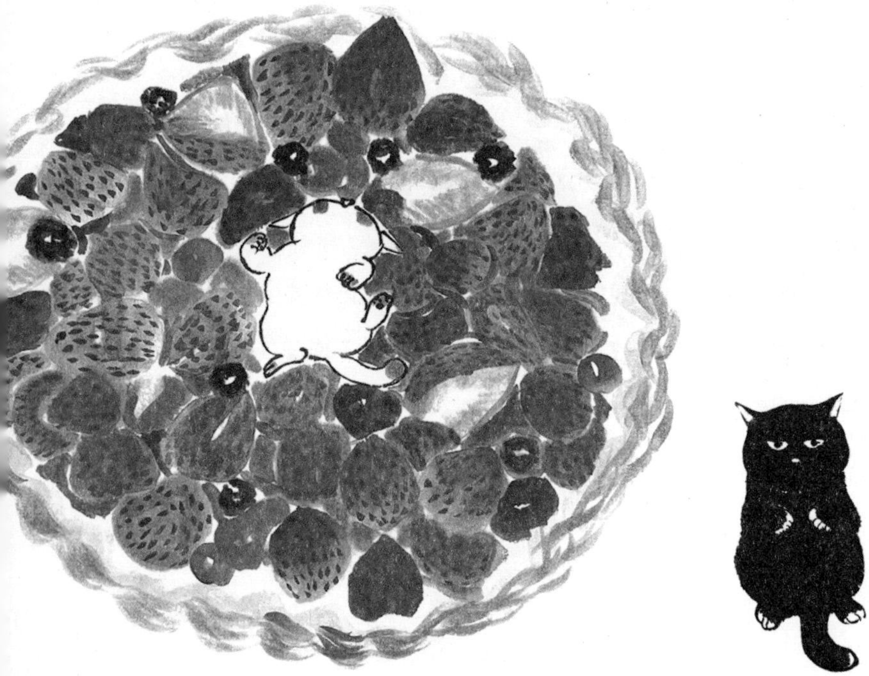

美好的日子给你带来快乐，
阴暗的日子给你带来经验。

所以，
不要对生命中的任何一天怀有遗憾。

目录

热爱生活，

你的灵魂自然就会

天天向上。

人生总有几段

美妙的夜路

我们都应该懂得去善待最初的梦，

那就像是在熟睡中刚刚醒来的蚕宝宝，

破茧而出，

张望着这个陌生的世界，

在内心写下自己的梦想

——我要飞起来！

01

我居住的小城里，有一个长得獐头鼠目的人，沿街叫卖一种叫“油嗑”的小瓜子，有十多年光景了。他的长相让人发笑，而他倒是聪明，懂得合理利用，就势把自己扮成小丑模样，并做出一些很滑稽的动作，吸引人们的注意。别说，这招还挺好使，他也因此多卖了好几包瓜子。我不知道他靠什么信念支撑着，能把一件普通得不能再普通的小事坚持了大半生。他的收入应该是极其微薄的，做其他任何一种买卖都不会比这差吧，可是他就认准了这一门，并且乐此不疲，充满热情。

那日，我又见到他，因为常常买他的瓜子，彼此就熟络了，顺道坐下来聊了几句。我问他卖这个一天能挣多少钱。他说挣不了几个钱，够吃口饭就行啦，反正家里就他一个人，一个人吃饱全家不饿。我问他有没有想过成个家。他自我解嘲地说，难不成有人喜欢找个小丑回家逗着玩儿啊。我说，那你没想过干点儿别的吗？这个总不是长远之计啊。

“我能干啥啊，你还不知道吧，我是个残疾人，不能出力干活。”说着他撩起了他的裤脚，原来，他的右腿是假肢。

我不忍去揭他的伤疤，他倒是很坦然地从内向外搬运着他的苦楚——八岁时没了父亲，十三岁时没了母亲，不得不辍学，靠捡垃圾艰难度日，十八岁时跟人去山里伐木，被木头砸断了右腿……“最苦的日子都过来了，以后多大的困难我都不怕了。人这一辈子啊，就是得靠自己。不管遇到啥难处，咬咬牙，都能挺过来。”

那是我听到的最简朴的箴言。

后来发生的事充满了戏剧性，一个导演路过这里，竟然看中了他的长相，让他在剧里演一个角色。真希望，这是他改变命运的一次机遇。

生活并不对谁特别怀有恶意，决定人们命运的还是人们自己。人生总有几段美妙的夜路，需要你把自己的肋骨点燃做火把，才能闯过那些黑暗。

02

每个人都有自己最初的梦，你是否还记得？

生命的最初，你可能想过长大后做警察，因为不想看到自己的家人被欺负；可能想过做医生，因为看到了爷爷患病死去，你不想家里再有这样的事情发生；可能想过去做建筑工人，因为想盖一座最好的房子给家人住；可能想过去做农夫，就为那种啥长啥的神奇；可能想过去当飞行员，只为可以伸手抓过一片云，尝一尝到底有没有棉花糖的味道；可能想过去做水手……

我有一个同学，家境不太好，他曾经对我说他特想开一间小杂货店，什么吃的都有，想吃什么就随便拿，他说这话的时候很开心，眼神亮亮的，连带着整张脸都生动起来。后来他爸爸做水产发了些财，家境渐渐好了起来，现在的他在上海，前途一片光明。不知道他还记不记得小时候的那个梦想了。有谁知道未来的事呢？如果他中途辍学，也许就真的会开个小店，生活平淡得像一杯白开水，可是峰回路转，他现在开始从事生物科学方面的研究，这与他最初的梦想可谓有着天壤之别。

有多少人能一直怀揣着自己最初的梦想呢？

我的一位女性朋友最初梦想着成为文艺女青年。她常常带着悲天悯人的情怀去看社会，有着一颗敏感的心，不染纤尘。为人处世，也像白纸一样单纯。结果可想而知，她在生活中碰了很多壁。如今，她在键盘上噼里啪啦敲着的不再是那些优美的文字，而是一段一段哗众取宠的广告。那颗柔软的心也似乎结了痂，再拧不出一滴悲悯的泪水来。

前几日见她，发现她又重新提起了笔，看起了书，她说，不是为了文艺，而是为了自己在奔向枯萎的年华里多一点文雅的气质，只是为了遇见文艺而已。想回到那个边听着音乐边敲打键盘的时光，键盘敲打的是内心花开的声音，周遭是一片白，一片属于最初的雪地。

我们都应该懂得去善待最初的梦，那就像是在熟睡中刚刚醒来的蚕宝宝，破茧而出，张望着这个陌生的世界，在内心写下自己的梦想——我要飞起来！

我的一个朋友在搬家的时候，在仓库里找出了一把旧吉他。这勾起了他很多回忆。“曾经，我是那么想当一名吉他手”，他说这把旧吉他还是年轻的时候，哥哥用第一个月工资买给他的，他珍惜得不得了。可是，直到很多年过去，他都只会单弦弹奏，一直都没有学会和弦。

看到我喜欢，他要把吉他送给我。

“你为什么不试着学会和弦呢？”

“我哪里有那么空闲的时间啊？”

“现在，只要你想，总会挤出时间来的。哪怕是为了当初那个当一名吉他手的梦想。”

他听了我的劝，把吉他留下了。

过了半个月，朋友领我去了他的新家。他用这把旧吉他为我演奏了一首动听的歌，而且是用和弦演奏的。

“你终于学会了！”

“是啊，只要用心，几天就可以的。可惜大半辈子过来了，今天才懂得这个道理。”

“不晚啊，哪怕生命的最后一天，学会了和弦，也是不晚的。”

我想，我也应该学他那样，来试试把最初的心调成优美的和弦。

生活先于意义，

当下的每一刻都先于意义。

择其所爱，爱其所择；

先悦己才能悦人，

生活有底色，

才会有喜悦。

发现

幸福的能力

海边美丽而圆润的鹅卵石之所以美丽，

不是被坚硬的金刚砂打磨出来的，

而是轻柔、温和的海浪所致。

01

美国西雅图有个很特殊的鱼市，很多顾客和游客都认为到那里买鱼是一种享受。原因就在于，那里的鱼贩们虽然整日被鱼腥包围，但他们总是面带笑容，而且他们的工作技艺可以和马戏团演员相媲美，个个身手不凡。他们就像合作无间的棒球队队员，让冰冻的鱼像棒球一样，在空中飞来飞去，并且互相唱和："啊，5 条带鱼飞到明尼苏达州去了。""明尼苏达州收到，请再来一批。"

这种工作气氛还影响到附近的居民，他们经常到这儿来和鱼贩一起用餐，感受他们的好心情。后来，甚至有不少没办法提升工作士气的企业主管专程跑到这里来取经。

有一次，一位记者专程来采访他们，记者问道："你们在这种充满鱼腥味的地方做苦工，为什么心情还这么愉快？"

一个鱼贩回答："几年前，这个鱼市场也是一个没有生气的地方，大家整天抱怨。后来大家认为，与其每天抱怨沉重的工作，还不如改变工作的品质。于是我们不再抱怨生活本身，而是把卖鱼当成一种艺术。就这样，我们变得越来越快乐，这里成了鱼市场中的奇迹。"

这些鱼贩认为，并不是生活亏待了他们，而是自己期求太高，忽略了生活本身。而后来他们唤醒了自己发现幸福的能力。正如法顶大师所言：海边美丽而圆润的鹅卵石之所以美丽，不是被坚硬的金刚砂打磨出来的，而是轻柔、温和的海浪所致。

人们以为幸福是追求来的，其实幸福是发现得来的。若你具备了发现幸福的能力，就会发现生活的点滴里都蕴含着幸福的味道。

比如，下班回家的时候，看到妻子正隔着窗子对我微笑；明明自己有钥匙，可我不喜欢自己开门，我喜欢妻子和女儿争抢着给我开门的那种感觉；女儿气喘吁吁，一路小跑着放学回家，就为了给我看她新写的作文；收拾旧物的时候，竟然在旧棉鞋里翻出了很多年前藏的一沓钱，万幸的是它们还没有被老鼠啃坏；深冬的时候，人们畏缩在炕头，那盆百合却绽放了，用火一样的热情率先展开了对春天的追逐……

你会发现，这幸福的矿井原来是这般蕴藏丰富，一旦开采，便层出不穷。

譬如屋顶上鸽子成群，譬如院子里花团锦簇，譬如邻家的小狗都跑来为我看家护院。

02

一个20年没见的中学同学，现今已成为阔太太。偶尔有一天，她想见见以前的老同学，就在网上的同学录里搜寻，终于联系上了我们，遂从外省驾豪车回来参加同学会。同学们见了面，数她的嗓门大，也数她的派头足。与其说是寒暄，不如说是显摆自己的优越吧。浑身的珠光宝气晃得我们有些头晕眼花。趁着酒劲儿，她说想去看看小时候住过的地方。我想，还算可以，没有忘本，就领她去了老家属区，20年过去了，这里依旧还是那样贫穷破旧，阔太太不禁皱起了眉头。

那是矿区，里面住着的大部分居民都是矿工。那个时候正是下班的时间，路上来来往往的尽是些“黑人”。

这么破旧的地方，竟然并排开了几家歌厅。阔太太不禁好奇地问：“在这个地方开歌厅，脑子没有坏掉吧，穷人哪有闲心去唱歌啊？”

“不，唱歌的人很多呢！”我领她去看，果然，每个歌厅里都坐满了人，就算五音不全的人，也丝毫不觉得难为情，照样在那里认真而倔强地唱着。

对于她的不理解，我说：“其实，和富人们比起来，穷人更需要歌声。歌声可以缓解他们的疲劳。对于富人，歌声是娱乐，是消遣，可是对于穷人，歌声是慰藉，是安抚。”

阔太太不大懂我的话，不置可否地在那里摇头。

还有她更不懂的呢，我在心里对自己说，歌声是可以令穷人们劳累的心灵飞翔的翅膀！

一次，我领朋友去一个朝鲜族人聚居的村子吃饭。那里有很多当地的朝鲜族人开的饭店，特色是冷面和泡菜，很正宗的朝鲜族风味。朝鲜族人好客，每逢客人来，都会敬上一杯酒，并愉快地与我们交谈，那份热情劲儿就像久别重逢的亲人一样。每次算账的时候也常常会打很多折扣，让我们都有些于心不忍，那么一大桌子菜，简直让人家做了赔本买卖。可是他们并不在意这些，他们在意的是，今天他们是否快乐。

邻桌吃饭的几个人，桌子上无肉菜，只有两盘廉价的泡菜，可是几个人酒却没少喝。不一会儿，喝到兴奋处，其中一个竟然唱了起来，嗓音还很纯正，听完我们不禁为他鼓掌。这下可点着了他们兴奋的捻儿，一首接一首地唱个不停了，我们也用筷子击打着碗盘，配合着他们。

饭店的主人说，这些人是村子里最穷的人，属于“老病残”范畴，基本都丧失了劳动能力，每月靠那点微薄的低保过日子。

“都穷到这份儿上了，还有心思来喝酒啊？”我的一个朋友不禁质疑起来，或许他觉得穷人就该有穷人的样子，就该是低眉顺眼，唉声叹气的吧。

“穷人也是人，也有快乐的权利啊。”店主说，“他们自己一个人是从来不来这里喝酒的，也喝不起，他们总是几个人一人出个十块八块的凑一起喝顿酒，也没别的乐子，平均每个月也就能来这么一次吧。这也算是他们的节日了。我也尽量少收他们点钱。”

店主的话，令我感动。

是啊，穷人也是人，没有人可以剥夺他们享受快乐的权利。阳光那么好，凭什么他们就要躲到暗处去？

音符像欢快的兔子，更愿意蹦跳到穷人的怀里去。穷人虽然衣衫单薄，怀抱里却涌动着一股股不息的热浪。

03

一个是音乐家，一个是乞丐。他们在大街上相遇了。

音乐家是个乐善好施的人，他看到了乞丐，本能地停下脚步去掏自己的口袋。可尴尬的是，他身上一分钱都没有带。

乞丐看着他，眼中满是期待。

音乐家的善举搁浅了，但怜悯之心仍在。他无措地站在那里。乞丐似乎看出了他的窘境，看到他手里提着一把二胡，想了想问：“你能给我拉一段二胡吗？”

音乐家先是愣了一下，然后点了点头。

音乐家全神贯注地为乞丐拉了一段《二泉映月》，让他感到惊奇的是，在他拉完的时候，乞丐竟然使劲地鼓起掌来。

“你听得懂吗？”音乐家问乞丐。

“不，”乞丐说，“我只知道这很好听。”

“你为什么要听我的音乐呢？”音乐家问他，他觉得乞丐此刻最应该关心的是怎样打败饥饿。

乞丐说：“我的生命里只有一个想法，怎样才能填饱肚子。但现在，我吃饱了。”

这大概是世界上最廉价的快乐了吧，吃饱了，便快乐了。

这就是乞丐的从容，懂得享受满足，快乐地活着。他们吃饱的时候，也会露出优雅的神情，微笑着欣赏街头的美女；也会随着路边音箱里的流行歌曲哼唱，并有节奏地摆动身体；也会和同伴谈论天气，像那些绅士一样；也会关心时事，煞有介事地对国计民生问题表达他们的忧虑；也会向那些或是在举行婚礼，或是在庆祝成功的幸福的人们表示祝福，而不是嫉妒和诅咒……

尽管，他们微笑的时刻会让很多人无法理解，但这个世界就是这样的，总有一半的人不能理解另一半人的从容和快乐。

在影片《救赎》里，我听到了这样的一段对话，黑帮头目问一个乞丐为什么还要活着，像狗一样活着？乞丐却对他说，因为这双手仍能感受到阳光的温暖。

乞丐对生活的信念如同一缕阳光，照进了那个黑帮头目的心灵，让他在短短的6天时间里，灵魂得到了救赎。

这大概就是乞丐们的哲学：不要给我太多，那样我会不容易满足，便少了快乐。我所享受的只是不会死去，如同动物一般，为觅食而活，除此之外，便是享受自然恩赐给我的阳光。

生活仅此而已，我们这些凡人又在挣扎什么？

清空心灵，

照看好脚下

人要丢掉生命中多余的部分。

心空着，

才能聆听到天籁。

犹如窗子开着，

风才能吹进去。

照看好脚下，

就能照看好一颗心，

就能照看好日子。

01

1988年10月27日，一艘秘鲁潜水艇突然与一艘日本渔船相撞沉没，艇长和6名士兵当即随着潜水艇一起沉到海底。

秘鲁海军曾派出一艘潜水艇前往救援，但束手无策。在危急关头，被困在艇内的水兵们想出了一个危险的自救办法，即从逃生管道中把人当鱼雷一样射出去。他们估计从33米深的海底到达海面约需30秒，这期间人要承受巨大压力，可能会患上致命的“沉箱病”。在弹出之前，代理艇长告诉大家必须呼出自己肺内的所有空气，否则人的肺在上升途中会像气球一样爆开。在逃生过程中，水兵们忍受着压力急剧变化带来的极大痛苦，在尖叫声中被弹出水面，除一人出现脑出血外，其余的人均安然脱险。

清空身体，拯救了这帮士兵的生命。

纪伯伦说：“如果嘴里填满食物，你又怎能歌唱？”是啊，碗是空的，才可以盛饭；杯子是空的，才可以装水；笛子是空的，才能吹出曲子；心是空的，才可以接受知识，感受生活。而我们的心却越来越满，逐渐失去了感受生命的能力，只是凭直觉和本能，告诉自己还不够、我还要。有了三居要四居，有了四居要别墅……

我们关心的始终是自己得到的够不够多，身份够不够高，官位够不够大，用欲望把自己“喂”得臃肿不堪。

当心灵蒙上了太多的灰尘，世界因此就暗淡下来。

人要丢掉生命中多余的部分。心空着，才能聆听到天籁。犹如窗子开着，风才能吹进去。

清空我的邮箱，是为了收到更多命运的“情书”；清理过去，是为了让自己有足够的空间存储未来。我把生活习惯存放C盘；把家人、亲戚、朋友存放D盘；把自己的工作和财产存放E盘和F盘。然后把大脑里因为时间沉淀起来的垃圾全部清理掉，免得因为压力太大经常死机。清空后再给自己来个一键还原，还原到1974年4月5日，我出生的日子。那样，第二天醒来，我就是一个新生的婴儿了。我会发现每一个人都很友善——一个婴儿怎么会有仇人呢？那时，每一声鸟啼、每一朵花的绽放都那么令人兴奋不已。

心就像是一个邮箱，要定期地进行清空，否则会影响你思考的速度，禁锢你飞翔的羽翼。

02

劳累了一天，妻让我去泡个澡，我却只想尽快躺下睡一觉。她只好打了一盆热水让我泡一下脚。她说，脚总是要泡的，脚暖了，全身都跟着舒服。妻喜欢看养生类节目，也算半个养生专家了，她煞有介事地说，人体百分之五十的神经、血液循环经脉都与腿脚连接，腿脚的健康关系到心脏的健康。

冬天的时候，妻每天晚上都会把我的鞋垫掏出来放到暖气片上，第二天早上，再把热乎乎的鞋垫放进鞋里，一双脚就这样被暖暖的爱意照顾着，在幸福里扎了根。

妻有她的一番理论——照看好了脚，脚下才有根，才不会忘了回家的路。

这才是重点！比起“照顾好男人的胃”，妻子的这一套“照看好男人的脚”的理论，更令我心悦诚服。

日本企业家松下幸之助讲过一件事，在日本的禅寺，其入口处往往会写有“脚下照顾”四个字，意思是请留意您的脚下，把脱下的鞋子摆放整齐。据说，通过一个人脱鞋的方式，可以看出这个人的人品和作风。

同样，和尚们晚上上床睡觉，也要先把鞋子摆好，才能躺下去，就是上了蒲团，也得把鞋子摆好，才能开始参禅打坐。

他说从前有位剑道大师，可以通过对方鞋子的磨损情况，看透其心理。无论对方的剑法如何高超，要是他的鞋底被磨损得歪歪斜斜，就说明其心未定，如此一来，其剑也会被视为邪剑。

这件事提醒我们，脚不正，心便飘忽。

练武术的人有个基本功训练是扎马步，它的目的就是要让人脚下有根，“打拳先培根。根节不明，节节皆空”。根基稳了，才能练好本事。

照看好脚下，才能走得稳稳当当、堂堂正正，才能掌握好人生的道路和方向。照看脚下，也可以说是检点自己。

在埋怨别人弄脏了你的地毯的时候，请先看看自己的脚上是否有泥。

往小了说，照看好脚下，可以让你稳当走路，不摔跟头；往大了说，照看好脚下，就能照看好一颗心，就能照看好日子，就能更好地照看一块屋顶，让那炊烟笔直地飘出幸福的味道。

脚下有根，每个人都会是一棵伟岸的树，扎根在大地上的能走路的树！

在世上

留个响儿

只想像一只力量有限的蜂鸟，

以自己小小的技艺，

悬停在一根花蕊身旁。

那嗡嗡的扇动翅膀的微音，

是它献给世界的最轻的音乐，

最精致的响儿。

01

经过步行街的时候，我总能看见一些人缩在角落里乞讨。有残疾的，也有健全人假装残疾的。有年老的，也有十六七岁学生装扮的，跪着，把尊严蜷成卷儿丢落到空荡荡的地上。他们面前的地上用粉笔写着相似的内容：太饿了，请求5元钱买吃的。或者是钱包丢了，请求6元钱坐车回家。行色匆忙的人们大多不会在他们面前停留，只偶尔会有人扔下5角或者1元钱。

在这个城市里像这样的行乞者太多了，城市里的人大都习以为常了，我也是如此。又或许是人们分不清楚他们是真正的可怜人，还是刻意的行骗者，但是，当我看到那个吹口琴的老人时，我还是决定给他5元钱。因为他的口琴声打动了我。

更确切地说，是他专注的神情打动了我。虽然他的口琴声并不见得有多么好听，他的技艺也非常一般，但他那样忘我，把自己完完全全交给了那些杂乱的音乐，在自己制造的粗糙的音乐氛围里一厢情愿地陶醉着。

那一阵阵杂乱无章的口琴声，在那个夏日午后轻飘飘地荡漾在空中。老人大约70多岁，坐在一张小凳上，用一双枯瘦的手宝贝似的捧着他的口琴。老人很瘦，衣着很旧却整齐，一双灰暗的眼睛完全沉浸在琴声中，似乎追忆着某些逝去的让人心酸的旧日时光……他的眼神让人心酸、怜悯，也让我无法无动于衷。

我想他可能是一位孤寡老人又或许是要抚养年幼的孙子和重病的老伴，才不得不坐在这里以吹口琴的方式来博得路人施舍吧。

但是我错了，当我把5元钱放到他面前时，他笑了：“孩子，你误会了，我不是在乞讨。”他说：“我只是觉得太闷，想在这儿留个响儿。”

我有些手足无措，不知道是否伤害了他的自尊。

一曲终了，我道了一声好。攀谈中，知道了他是一位孤独的老人，老伴去世了，孩子们忙得昏天黑地，没时间照顾他，就把他送到了养老院。他嫌养老院里太闷，就到广场上来溜达，有时候在这里一坐就是一天，他说，在这里看着人来人往的，心情就跟着好了起来。

老人喜欢口琴，年轻的时候就是用这口琴声打动了一位美丽的姑娘，成就了一段美满的婚姻。从那以后，口琴就没有离开过他，累了或者闷了的时候，他都会吹上一段或快乐或忧伤的旋律，这是他和这个世界打招呼的方式，他用他的口琴，为世界留下一点响儿。

在世上留个响儿，这是平凡的人给自己设置的最完美的签名。

从此我们成了“忘年交”，我喜欢在他那里探究我的未来，他喜欢在我这里寻找他过去的影子。

在他那里，我感受到一种活着的力量。活着一天，就要在这个世界上留下一点声响。哪怕是你淘气地摔破了玩具，哪怕是你在厨房敲打着锅碗瓢盆，哪怕是你哼唱着走了调儿的歌曲，哪怕是你演讲没有掌声的人生经历……

每一天，鸟总是很准时地在凌晨 3 点开始啼叫，那欢快的啼声是我的闹铃，提醒我不要错过那些大好时光。每一秒钟我们都在无可挽回地老去，然后看着一段段的岁月变成可待成追忆的当时。不想像那些追名逐利的人一样，让生命背负太多期望和压力，只想像一只力量有限的蜂鸟，以自己小小的技艺，悬停在一根花蕊身旁。那嗡嗡的扇动翅膀的微音，是它献给世界的最轻的音乐，最精致的响儿。

老人在深秋的时候住进了医院，身体极虚弱的时候，他还不忘拿起他的口琴，用他最后的气力，吹奏了一段曲子。我又想起他的话来：活着一天，就要为这个世界留下一点响儿。

他对这个世界有什么特别的贡献吗？应该是没有。但是人活着，就证明这个世界需要他。来到世间一回，就要跟世界打个招呼，这是他的逻辑。不管这响儿是否动听，都是留给世界的关于生命的讯息。

不管多么微弱，都请给世界留个响儿，因为世界也同样爱着你。

02

我看了奥斯卡最佳动画短片《深坑》，不禁陷入到深深的思考中。

动画中的主角是普通人的代表，深坑代表的是障碍，而越过深坑寓意着成功，我们这些普通人想成功只能像主角一样用最笨最踏实的办法，脚踏实地，努力去填满眼前的大坑。当手推车掉进大坑时，就像我们遭遇挫折一样，成功之路会变得更加艰辛，我们只能徒手努力，第一个人物“大力”握着一块大石头取得了成功，于是我们开始模仿“大力”的方法；第二个人是“大长腿”，凭借自己的天然优势轻松地跨越了深坑，于是我们开始模仿这位天才，盲目地模仿，就会死得很惨；第三个人物“巨人”出现了，他的出现是为了讽刺死去的主角，巨人凭借更大的自身优势直接填满深坑走了过去，而巨人代表的是比大长腿更有实力有背景的大人物，他们获得成功易如反掌，可这种方式我们能模仿得了吗？

在生活中我们每个人的起点都不一样，没有伞的孩子只能在雨中奔跑，我们的条件不如人，就只能脚踏实地地努力。当我们看到别人的成功方式之后，应该选择可行的方法而不是去盲目模仿，因为主角学的第一种过坑方式的确可以成功，可惜盲目的模仿让他半途而废了。另外，动画中每一个过坑人都是过河拆桥的，换句话说就是“不可复制别人的成功之路”，如此，你还想走第二遍吗？

这深坑，是我们的障碍，我们怎样走过去，完全需要凭借自己的努力，前人的经验可以借鉴，但需要有所取舍。

我在鲁迅文学院的同学纳兰泽芸，曾患有“口吃”，一度非常自卑。后来，她认识到这是一种心理障碍，如果心魔被解除，就一定能获得新生。她说：“这张嘴就像剪刀一样久而久之不用，它就锈住了。现在我要做的，就是一定要好好地磨这把剪刀，让那些该死的锈都见鬼去，我要让它重新变得非常锋利！”

她开始了“自救”，每天强迫自己速读一百页书，坚持了大半年，她的口吃毛病改得差不多了，紧接着，她报了演讲培训班学习演讲，并且做了一件很多人不敢去做的事情——独自一人在上海进行地铁演说，而且要连续坚持至少二十天。

第一天，她将自己打扮得非常得体，优雅的套装，挽起的发髻，淡淡地化了点妆，直奔地铁站。在地铁站台上，泽芸把便携式扩音器戴好，她无法忘记那种感觉：表面上还像以往一样平静地候车，其实心脏在狂跳。天并不是太热，可是她手心里全都是汗。一辆地铁开来了，她没敢上。又一辆开来了，她还是没敢上。第三辆地铁再开过来的时候，地铁门打开的一刹那，伴随着脑袋中“轰”的一声，她心一横，终于跨上去了。地铁车厢中的乘客都在各干各的事情，她先试声一样地“噗噗”吹了两下扩音器，然后“喂喂”了两声，果然，原本安静的车厢里的乘客们的目光好奇地齐刷刷投向了她。演说的时机成熟了！

她第一句开场白是这样的："亲爱的朋友们，在这一班地铁上一路同行的朋友们，你们好！……"原本担心在极度紧张、极度恐惧的情况下，说开场白会不流畅，然而当她讲完开场白，就大大松了一口气。演说开场白时，她的口齿很清晰、很流畅、很轻松。她为这个意外发现激动得热泪盈眶！到了第二十天，她在地铁上做完最后一次演说。一天四次演说，二十天八十次演说，她做到了！也终于逼出人生的柳暗花明。她感叹："我曾经无数次抱怨命运对我的不公和无情。如今，我回过头来想，却忽然明白，这也许是命运特意强加在我身上的苦痛，它逼使我在这苦痛之中锻造毅力、锻造坚韧与人格，逼使我像浴火凤凰一样在烈火中涅槃。"

作家迟子建在谈到写作时说过："如果碰到瓶颈期，也没什么不好。瓶颈是妖娆的障碍啊，能从它颈下爬出来，必定会脱胎换骨的。作家假如有勇气面对有难度的写作的话，就不要怕遭受瓶颈。"

妖娆的障碍，这是我听过的对于困难最优美的注释。

人生的瓶颈，突围出去必然破茧成蝶。而这突围的过程，必然是惨烈的，那是鲜血在碰撞后开出的花，是风中趔趄的舞蹈，是眼泪坠落中的音符，是留给世界的最美丽的回响。

再小的个子，也能给沙漠留下长长的身影；再小的人物，也能让历史吐出重重的叹息。

既然风雨可以承受，
何必放弃彩虹

平常的一个个感动的瞬间，

都像那诗句中不忍舍弃的

美妙的三分之一秒的遇见，

它们是一根根火柴，

将自己红色的小小头颅，

抵向暗淡的生命之墙，

照亮记忆和不可预知的未来。

01

印象中总是停留在那一刻，高考时答完最后一道题，抬头看了一眼挂钟，还有一点儿时间。并没有着急走，合好试卷，静静地靠在椅背上，看着下午的阳光洒在每一个奋笔疾书的同学脸上，看着窗外的操场，侍弄花草的园工，举着水管漫天洒着水雾……那个瞬间，心像一朵云，自在轻盈。没有当下的烦恼，没有未来的打算，尽己所能，顺安天命。树叶轻轻抖动，似乎在与我告别，一切都结束了，一切也刚开始。

一枚角币躺在地面上，被无数双脚踩压着，没有人肯弯腰去拾捡，甚至连乞丐都不肯望它一眼。一个小女孩发现了它，把它攥在手心。“妈妈，妈妈！”她蹦跳着向着妈妈喊着！她的幸福，就在那一瞬间绽开了。

看啊，一个孩子的幸福，多么易得，多么廉价，又多么昂贵。

想起小时候，闹钟在早晨六点揪起我的耳朵，我把没有做完的美梦叠起来，放到衣柜的最里层。母亲做的葱花饼的味道减轻了我对睡眠的贪恋，母亲说，你再眯一会儿，蛋花汤还没好呢！我就再眯一会儿，哪怕几秒钟，被子里如同母亲怀抱的温暖，总是让我舍不得起身。那时的冬天特别冷，天刚擦黑，母亲就会早早把被子铺上，好让我们睡觉的时候被子里有些热乎气。一晚上，母亲会不停地给我们掖被子，似睡非睡中，感受到母亲温柔的触碰，每次掖完被子都会习惯性地拍几下。这样被宠爱的时刻，真是令人迷醉。

二十几岁的时候，我和女友一同去应聘晚报的记者，复印了自己发表的文章给他们看，结果没考试就直接被录用了。女友却落选了。我说我们共进退，我也不要这工作了，陪你。女友竟然被感动到了，用返程的车票钱买了一块最大的烤地瓜，她一口我一口，步行着回家。我们看着白云在身边飘过，一起追赶着蝴蝶，任风吹乱头发，还捡了很多好看的石子，采了许多小野花……路程一共是35公里，二十多年后的今天，我们还在那路上。

我始终记得校友们最后一次聚餐，大碗喝酒，大口吃肉，一桌子狐朋狗友，嗨到了凌晨也不肯散去。我们像是烧烤架上被慢慢烧开散开的热气，可酒杯一相碰，却又马上变成啤酒杯上两朵相邻的泡沫，根本没有办法结束。很久以后的再次相聚，明明大家好多年不见，却像刚刚下了课一样。原来，不想起并不代表忘记，不在一起并不代表不会再见。曾经在记忆里吹过的每一阵风，不管是携着热浪的还是裹着凉气的，都是令人留恋的。

你或许想不到，一个亿万富豪的快乐，竟然来自一次汽车在路上的意外抛锚，他让司机等拖车来，自己一个人步行去公司。他惊讶地发现，路边有那么多有趣的店面，他甚至看到了迎春花。

洛夫写过一首诗《问》：

在桥上
独自向流水撒着花瓣
一条游鱼跃了起来
在空中
只逗留三分之一秒
这时
你在哪里？

这美妙的三分之一秒，亲爱的，我多想与你分享！

从小到大，人生都是平凡的，何来惊天动地。爸在厨房做中午饭，你溜进去，偷偷抓了块刚炒好的鸡蛋放嘴里；从外面回到家，妈正在晾新洗的衣服，屋子里全是柔顺剂的味道；大嗓门的语文老师，在走廊的尽头向班级走来，一边走一边声情并茂地大声朗读着一篇文章，你听出来，那是你昨天刚刚交给他的作文；睡觉前刷最后一遍朋友圈，暗恋的人突然给你的动态点了赞；开会时困得要倒下，同事伸手使劲掐了你一把，可她也正闭着眼；周五下班，签退的字体看起来何等曼妙；等通勤车的时候，看到了通红的火烧云，和老婆微信，问她周末怎么过……

平常的一个个感动的瞬间，都像那诗句中不忍舍弃的美妙的三分之一秒的遇见，它们是一根根火柴，将自己红色的小小头颅，抵向暗淡的生命之墙，照亮记忆和不可预知的未来。

02

大学毕业那年，一群人怀揣着梦想，踏上了从东北到广州的火车。按照计划，火车到站后可以不用出站，坐最后一班从广州到深圳的列车到目的地。可遗憾的是，火车晚点了三个小时，计划被打乱，很显然需要在广州过夜。都是一群刚出校门的孩子，谁也拿不出个可行的方案，当大家吵吵嚷嚷的时候，旁边有个大姐说：“火车站挺乱的，你们不要随便乱找酒店了，这样吧，你们和我一起下车，我爱人接我，到时候问下他。”因为一个陌生大姐的一句话，这个青年学子走出校门碰到的第一个问题被解决了。

下车的时候，大姐的爱人来接她，大姐把我们的情况说了一下，他爱人打了几个电话，然后用他自己的车，分三趟把我们送到了离车站不远的一家旅店，并交代旅店老板，我们是他朋友要关照一下。那是一家干净而且很便宜的旅店，那晚我们睡得很香。

后来，我去广州出差的时候有空也会给那位大姐打个电话，见了面，也会有一个满满的拥抱，舒适的、惬意的37度的拥抱。

去年秋天的一个下午，我骑着自行车急匆匆回家，突然发现手机不见了，急忙掉转车头返回寻找。走了很长一段路，看到一个推着脚踏三轮车的老人向我打招呼，我来到他的面前，他递过手机，带着责怪的语气大声说："刚才叫你也没听见，都等你半天了，以后小心啊。"

前几天，粗心的我又一次把手机滑落了，回到家发现手机已关机，我焦急又沮丧。虽然我的手机是旧款，功能也落后了，可是四年来它日日夜夜伴随着我，已成为我生活中不可缺少的一部分。它与我一起度过那些悲伤的快乐的成功的失败的日子，我对它每一个按键，每一步操作，都如此熟悉，也很喜欢握着它在手中的那种踏实的感觉，不禁为自己一时的疏忽懊悔不已。我不敢想象就这样失去它了。

女儿安慰我："爸爸，这一次你的运气恐怕没上次好了，再买一个新的吧。"我默然。当我怀着忐忑的心再次拔出我自己的号码时，手机意外地接通了，传来一个陌生女孩子甜美的声音："请问这是你的手机吗……"好运再次降临，生活让我又一次感受到了陌生人带给我的温暖。

37度是人体正常的体温，也是心灵的温度。王菲唱着："我只爱陌生人，我的爱比脸色还单纯，比宠物还天真。"这个年代的陌生人，有时是擦肩而过的人，有时是见了千面万面的人。陌生人与陌生人之间，就像两只浑身长满刺的刺猬，分开怕寒冷，拥抱怕疼痛……所以，就都披了一层厚厚的防伤害盔甲。

城市的钢筋丛林里，心灵的温度约等于一个陌生的笑脸，一句陌生的问候。是不是陌生人并不重要，重要的是要做一个有魅力的人。谁会拒绝善意的笑脸呢？这一分钟，我和你在一起，就应该有相拥的温暖。

那个每晚都要出门跑步的大叔刚刚喘着粗气从身边掠过，好久之后那股汗味依然挣扎着不肯散去；晚归的高中生骑着自行车成群结队地在路上碾着歪歪扭扭的“之”字；年轻的情侣坐在树下的长椅上，彼此无语但情意绵绵；老大爷手提着收音机，里面放着《红灯记》；大娘手里拿着牵狗绳遛狗，却被狗牵着东倒西歪地向前慢慢挪；戴着眼镜的年轻妈妈左手提着一袋子蔬菜，右手牵着刚背得动书包的小男孩；公交车站等车的人，焦急地望着来车的方向，似乎在等待一个逃离的机会，谁都不想被落下。

人活着需要一种市井气的爱。陌生人能给我的，就是时刻提醒我不要忽视自己这种能力——爱生活的能力。

他们中的绝大多数你永远不会认识，一少部分会和你点头微笑，更少部分会和你开口说话，没谁会和你成为真正的朋友。不过这也是最好的地方，你从他们那里得到的，是礼貌的问候，有节制的安慰，以及最小剂量的温柔。你周围的陌生人就好像热茶里腾起的烟雾：围绕着你却不会融化你。

如果把城市里的人心放在一起，就是一个一个的蜗牛，每个人都在精心营造自己封闭的小壳，而多数人的小心和谨慎只是出于自我保护，并没有恶意。只是打开一扇窗，可能遇到风雨，也可能看到彩虹——所以，请相信世界有爱，大方接纳陌生人的善意。

如果风雨可以承受，为什么我们要放弃彩虹？

你内心肯定有某种火焰，

能把你和其他人区别开来

漫长、灰暗而曲折的路，

不必心生寒凉，

心怀善念，

就像握着一束光。

01

看过关于胡适先生的一则轶事。陈之蕃想赴美留学，没有买机票的钱，胡适知道后，立即从美国给他寄来支票，圆了他的留学梦。后来他有钱之后把支票寄还给了胡适。胡适给他写了封回信：

之蕃兄：

谢谢你的信和支票。其实你不应该这样急于还此四百元。我借出的钱，从来不盼望收回，因为我知道我借出的钱总是“一本万利”，永远有利息在人间的。

陈之蕃收到此信后大为感动，他认为，回报胡适的最好方式，就是用自己的仁爱之心，去帮助别人。

鲍玉珩教授曾撰文怀念钱锺书和杨绛夫妇，对他们给予的帮助念念不忘。那时，他正好从大学毕业，同时考两个研究生，特别是考上了中国艺术研究院的研究生，并且是电影艺术的第一届研究生。然而考上之后，他面临着经济上的困难。他来自街道工厂，每月只有 30 多元的工资，而考上研究生后首先接到的是原单位不再在经济上资助的通知。他已经结婚而且女儿也 3 岁多了，甚至连他的一些亲朋也劝他不要再读什么研究生了，因为在街道工厂工作显然更实际。这时钱锺书和杨绛先生知道了他的困难，打电话让他到家中一叙。

杨老很亲切地问他家里的意见，然后又问了他的打算。随即从书桌上拿出一个信封，对他讲：“这里是 800 元，我们每月补助你 50 元供你读研究生，记住是供全家的。”杨老说得很认真，钱老则笑笑说：“考上了不容易，不上岂不太可惜。”他当时感动得痛哭，钱老安慰他说钱是身外之物，放着也没用。后来他知道这 800 元是他们刚得到的一笔稿费，结果全给他用了，当时这笔钱不是一个小数目，他正是有了这笔资助才能踏踏实实地读完研究生。

钱锺书和杨绛夫妇的仁爱之心，在文化界有口皆碑。而鲍玉珩之后也以钱锺书夫妇的做人准则来严格对照和鞭策自己，热心助人，这也算是仁爱之心的利息在人间传播吧。

02

名人有名人的仁爱，凡人亦有凡人的仁爱。

早在 2004 年，青岛红十字会工作人员就发现数十笔大额捐款都署名“微尘”。后来，越来越多的人使用“微尘”这样的名字捐款。渐渐地，“微尘”已经发展成为关爱他人的一个符号，成为一座城市传递爱心的指代。它来自人群，细小、细微、微乎其微，几乎寻找不到，又随处可见。他们自认渺小，却塑造伟大。

“微尘”们用自己的仁爱去帮助他人，去传递仁爱的信息。他们用仁爱医治伤者，关怀弱者，体恤残者，这种仁爱的名字又叫“博爱”。

“微尘”们正在以仁爱之心唤醒仁爱之心。这种仁爱之心，是一笔宝贵的财富，而且他们的利息永远在人间。

清明节的时候，我们去祖父的墓前祭奠。刚刚下过雨，山路泥泞，我们歪歪扭扭的脚印像祖父吃过的药丸，蜿蜒地铺向他的坟前。

祖父是个药篓子，一生吃药无数。他爱惜生命，任何一点疼痛都会引起他的警觉，这没什么不好，只是看着他每次大包小包地带回来的都是中药，我们就难免会失望，真希望那一包一包的，都能变成给我们的美味糕点。

都说久病成医，祖父也多了些所谓的经验。不过即便成医，怕也是个庸医吧。他凭自己的“试药”效果，给别人出主意，让别人也买了一包一包的中药回去，效果不佳，他便免不了受人一阵埋怨。可是他仍旧喜欢“多管闲事”，乐此不疲。

祖父是个木匠，小时候经常看见他很认真地打磨着木头，去掉上面的毛刺和不平，就像他一直用自己的手和脚，一步一步踏平多舛的人生之路。他常常给邻里修补桌子和门窗，也会做一些板凳之类的小物件给他们，从不收钱，他说他就这么点手艺，权当是帮了邻居们一点忙了。

祖父活过了 80 岁，算是高寿。其实延长他寿命的并非那些奇奇怪怪的中药，而是他的一副热心肠。这份热心肠使他常常保有一份用不完的活力。

祖父是个体面的人，出入一些场合，一身中山装笔挺有型，一点看不出像个“药篓子”，而且总是给人一种感觉——他身上有光。这光，可驱疾。

或许是受了祖父的影响，父亲也是这样的人。

父亲年轻时卖过猪肉，过年了，有乡邻买不起肉，可是孩子又嘴馋，就想赊点儿肉包饺子，他从不犹豫，还往往多给人称一斤，“少了不够，让孩子们好好解解馋”。父亲就这样让自己在那些灰暗的日子里，发着微弱的光。

03

米粒儿在白纸上画出了很奇怪的画，一片青草地，一排很小的小房子。我问她画的是什么，她说是坟墓。

“为什么要画这么悲伤的事物呢？”

“我没觉得悲伤啊！”米粒儿说，“那儿不是还有一个大大的太阳嘛！”

我看到了，在整张白纸的上方，是一轮红彤彤的太阳。有它照着，万物生光，无一点悲伤。

“你再看！”米粒儿神秘地把白纸翻过来，原来，另一面也画着画——绿树红花、风车秋千、蝴蝶云朵、玩耍的孩童……热闹欢快，一派生机盎然。

在孩子的眼中，生与死，两个世界，只是一张纸的距离。

诗人牧心把矿工的下井升井比喻为在阴阳两界穿行：“在阳间，他不能将自己藏在黑暗中；在阴间，他不能将自己抛在阳光下。”

去黑暗中采光的人，本身即为光。并且我坚信，你收拢了多少光，就能洇开多少黑暗的墨。

我看着向日葵一寸寸地向上攀爬，心疼它仰望的脖颈，却又无法更改它内心的热爱。我仰望它的姿势，又何尝不是另一棵向日葵呢！

库切说，你内心肯定有某种火焰，能把你和其他人区别开来。当山河重新排序，你再向上一个台阶，离落日就又近了一步，你距离那束光的熄灭，还有一支烟的距离。

在这段距离里，你可以给渔民点亮一座灯塔，可以将风中的人，指向一座温暖的小屋。

一束光熄灭，肯定还会有另一束光亮起。就像晚霞褪尽，月亮升腾，如此，生生不息，维系着整个尘世的活。

月亮是人心里的光在夜空的反射。它不会嫌弃任何一个城镇和村庄，任何一条沟渠，任何一片破瓦，以及上面每一丛鲜亮的苔藓……如圣母之爱，抚慰贫寒的人们——生活即便穷苦逼仄，也会有一束不肯服输的光亮着。最小的缝隙里钻出去的光，会像一根针，扎得破尘世最厚的那张脸皮。

所谓活着，就是一束不熄灭的光，就是不绝望。

夜里，小孩子拿着手电筒玩耍，我听见有人在喊——“看哪，那幼小的人，拄着一束光。”

这是诗歌。在生活里，没有人愿意做小说家，因为他们总喜欢把一条平坦的路走得跌宕起伏。然而更真实的生活，应该是诗歌和小说的融合。漫长、灰暗而曲折的路，不必心生寒凉，心怀善念，就像握着一束光。路弯曲，脚步却是笔直的。那束光或许不会减轻你的疼痛和劳累，但至少会令你走得稳妥，不摇晃。

人其实不需要太多东西，

只要健康地活着，
真诚地爱着，

也不失为一种

富有。

我们都需要在各自的人生里，
嵌入那些“活泼之物”

我愿意把生活分开解读，

生是生，活是活，

为什么叫生活，

生是宿命，

不可更改的出生，

活是自己的，

是自己的轨迹，

自己的舞蹈。

01

昨天，收到一位大学同学发来的邮件，一向骄傲的他忽然变得有些颓丧，他说："我的云朵被揉碎了。"

他毕业后一直在远离家乡的地方生活，在当地的税务局做个小职员，娶妻生子，生活得平淡而安逸。他不喝酒、不抽烟、不赌博，唯一的业余爱好是绘画，常常背着他的画夹去野外写生，他最喜欢画的是云朵，一朵一朵不同姿态的云，在他眼里是那样美丽，令他着迷。

当他把一朵朵云转移到他的画板上的时候，他是宁静而快乐的。简单的生活，可以让灵魂自由自在地呼吸。

放长假的时候，他回到父母身边小住，那是一个更大更繁华的都市。起初团圆的喜悦和新鲜激动着他，听听事业有成的哥哥姐姐大讲他们的发家史，更是让他感到妙不可言。但坐在一起把那点故事讲了几十遍后，哥哥姐姐们开始把话题谈回到他身上，开始品评他的性格，他的思想，他的衣着举止，他的家庭工作……在与哥哥姐姐们的成就对比之后，他的一切统统被贴上了"失败"的标签。他说："他们用心良苦地帮我彻底了解了自己，他们解剖了我，得出了正解的'研究成果'，但是我也支离破碎了。"

读到他的电子邮件，我悲从中来。朋友说他"变得不能自己思考……”，他被爱他的人说糊涂了，一下子感觉现实很迷茫。

哥哥姐姐们开始为他设计未来，有的要给他投资，让他下海淘金；有的想把他从外地调回来，“你不能再这样消沉下去，你要养成一些更适合与人交流的爱好，你又不想当画家，不要成天画那些呆板的云朵”。他的喜好在他们眼里变成了一无是处。他的云朵被他们的逻辑彻底揉碎了。

本来在自己的一方小天地里过得好好的，有自己安静的生活，却忽然有一天，那片安静的云朵被撕碎，生活的天空也变得混乱不堪。

记得曾经看过一幅关于小狗史努比的漫画，史努比在冰上溜着玩得正高兴，走来一个穿溜冰鞋的小女孩严肃地对它说：“你连溜冰鞋都没有穿，这不是溜冰，只不过是滑行！”史努比一下茫然了，停下呆呆地自言自语：“我还以为刚才玩得很高兴呢！”

史努比变得忧伤，一颗轻盈的在冰面滑行的心，变得无比沉重。

我的朋友就像史努比一样，在一段时间里，迷茫着，不知所措。但最终他还是拒绝了亲人的热情帮助，因为在他看来，他心中的那些云朵比任何财富都重要。

每个人都有属于自己的一朵云，那朵云不分贵贱，不分高低，你不能轻视它，更无权嘲弄它。所以，任何时候，经过别人心灵的时候，都要小心，轻拿轻放，尽量不要揉碎别人的那朵云。

02

我愿意把生活分开解读，生是生，活是活，为什么叫生活，生是宿命，不可更改的出生，活是自己的，是自己的轨迹，自己的舞蹈。

黄永玉曾对表叔沈从文说："三月间杏花开了，下点儿毛毛雨，白天晚上，远近都是杜鹃的叫声，哪儿都不想去了！我总想邀一些好朋友远远地来看杏花，听杜鹃叫。"黄永玉问沈从文："这样是不是有点儿小题大做？"沈从文微笑着回答："懂了就值了。"

黄永玉和沈从文都曾身处艰难之境，他们并没有自怨自艾，而是懂得在晦暗的生活里去寻觅一丝美好，这份心境纯洁无瑕。它让一颗心即便置身于死水一般的境地，也能泛起活泼的涟漪。

03

一位弟子问大师："什么样的人最有资格当您的弟子？"

大师回答："那些即使穷到只有两件衬衫，也会卖掉其中一件，用换来的钱买花儿的人。"

日本美术家冈仓天心说："原始人向他的情人献上第一个花环，由此超越了兽性。他克服了粗野的本能，进而为人；他意识到了无用之物的微妙之用，于是进入了艺术之域。”很多东西看似都无用，然而它们却是可以让你平静的生活之水泛起波澜的“活泼之物”。

我们都是凡人，或许遇不到惊天动地的大事，而是那些芝麻绿豆大的小事会贯穿一生。但在这琐细平凡的尘世间，寻找到一些令你心动的小场景，那便足以让你的人生“活泼”起来。那些看似无用的小事儿，往往带动了生活的美。

我们都需要在各自的人生里，嵌入那些“活泼之物”。

黑塞的小说《克诺尔普》塑造了一位流浪汉形象。主人公克诺尔普流浪一生，无所事事，却到处尽自己的能力给别人带来欢乐。他临终时向上帝忏悔自己无用而错误的一生，上帝却称他为“爱子”。这也正是黑塞对这位“无用人”的真实认知。1935 年黑塞在给一位朋友的信中说：“作家描绘吸引自己的东西，而克诺尔普这个形象对我有极大吸引力。他是‘无用的’，可他很少干坏事，比那些有用人坏事干得少得多，而评判那些人不是我的事。我深信，若是像克诺尔普这样有才能而且富于活力的人在他的周围世界中找不到一席存身之地，那么这个世界是和克诺尔普同样有罪的。”

他是“无用的”，但却是有趣的，活泼的，而且带动了很多人跟他一起活泼，这便是他所谓的“无用”的价值。

手握坏牌，打出王炸

上帝给每个人一副牌，

有些人拿到了好牌，

沾沾自喜，

得意忘形之中

很有可能因为疏忽而输掉了牌局；

有些人拿到坏牌，

却认真地去打每一张牌，

就会有赢牌的可能。

01

每个人都有那样的日子吧，前途黯淡，心灰意冷，每天怨天尤人，将自己封闭在黑暗潮湿的角落里，不肯向那有光亮的地方回眸，任凭一颗心生满苔藓。

我曾经便是那其中之一。直到有一天，在一个西瓜摊前听到一对父女的谈话，心上的苔藓才开始慢慢地滑落。

正在埋头吃西瓜的女儿问了她父亲一个很值得深思的问题，她问："为什么有的西瓜甜有的西瓜不甜呢？"

那父亲回答："甜的西瓜是因为被阳光照耀的时间长。"

"那地里的西瓜不是都在接受阳光的照耀吗？"

"是啊，阳光是公平的，它一视同仁地照耀着那些西瓜，可是有的西瓜怕热，自愿待在阴影里，不肯接受阳光的照耀，所以它们就是不甜的。"

我很佩服这位父亲，能教育孩子于无形，并且他的话对我同样适用，令我有一种醍醐灌顶的感觉。

"那我用现在这个不甜的西瓜的籽，明年再种，它还会甜吗？"女儿接着问。

"当然，生活给每粒种子的机会都是平等的，是成为甜甜的西瓜还是不甜的西瓜，就看你后天的努力了。”父亲回答。在他看来，西瓜也是有心的。有的心是坚强的，有的心是懦弱的。

生活给每个人一副牌，有些人拿到了好牌，沾沾自喜，得意忘形之中很有可能因为疏忽而输掉了牌局；有些人拿到坏牌，却认真地去打每一张牌，就会有赢牌的可能。

无论任何时候，都要有颗向上的心！很多时候，你居于阴暗的谷底，那是你放弃了攀登，那么又凭什么指责阳光不肯普照呢？

02

同事家有个小女孩，患有先天性失语症。由于天生不能与人交流，她不愿与外界接触，整天自我封闭，在黑暗的小天地里孤独生活着。

看着孩子一天天地消沉下去，父母心中焦急万分。她父母和我说，这孩子很懂事，从来不给他们添乱惹祸，就是总也看不到她脸上的笑。

我觉得有必要去帮她解开内心的“障”。

我和她通过一张张纸片进行着“谈话”。

“我不能说话，也听不见别人在说什么。我是一个累赘，爸爸妈妈的一个包袱，看着他们每天为我着急上火，我真的不忍心。我想早点离开这个世界，让爸爸妈妈不再那么累。”

“你是个多懂事的好孩子！但你要知道，你不是为你一个人活着的，你的父母都非常非常爱你。就算你是包袱，也是个美丽的包袱，是上天送给你父母的礼物，送给这个世界的礼物。”

“我也爱他们，非常非常爱。所以我才更加感到难过！因为别人家的父母都有健健康康的孩子。”

“孩子，你还没有真正了解你自己，有些声音不是用耳朵听的，有些话也不是用嘴巴说的。你知道你自己像什么吗？”

“什么？”

“像一本书，但是你从来没有把自己打开过。”

“真的吗？我真的可以是一本书吗？那要怎样才能打开呢？”

“比如，你打开窗子，就是打开了这本书的扉页，你看到阳光了吗？看到树木和花朵了吗？那都是这本书里精彩的内容。”

“那我现在就去打开窗子。”

我看到她缓缓地开了窗子，阳光好像是一个在外面等急了的客人，迫不及待地闯了进来。我看到，她的脸上慢慢升腾起一朵微笑的花来。

我知道，她心中的“障”正在慢慢被剃去，因为爱和阳光是最锋利的剃刀。

03

我常去一家推拿馆推拿，店主是一个因患白内障而失明的女孩儿。虽然失明，但很好强，在一个比较偏僻的地方开了一个很小的盲人按摩推拿馆。别看她年龄不大，推拿手法却极为老道，所以她的生意还算不错，我就经常光顾她的小店。

她在给人推拿的时候，屋子里总是放着柔和的轻音乐，而且屋子里有不知哪里来的芳香，风吹过的时候，总会带给人一种沁人心脾的愉悦感。她也偶尔和客人们说说话，说话的语调也是舒缓而优雅的，在她的脸上看不到一点悲苦，反而总能听到她欢快的笑声。我好奇地问她为何如此快乐，她说："每天早上醒来，打开前面的窗子，我就能听到鸟儿在欢叫，打开后面的窗子，就能闻到沁人的花香，这样我还有什么理由悲伤呢？"

我开始留意她的房前屋后。房前，是一片小树林，静静地听，果然能听到林子里有很多鸟儿在唱歌，平时一直被我忽略掉了，她说出来，我才体会到其中的美妙。屋后，她栽了很多花，姹紫嫣红，虽然她看不见，但她闻得到花香。

她真是一个优雅的人。鸟语在前，花香在后，这是一颗多么豁达而淡然的心！

所以，她的店和别的按摩推拿店不一样，在这里，我不但可以让身体的劳累得到缓解，也可以让疲惫的心得到喘息。

生活在大都市里的现代人，看似热闹，其实孤独、空虚得很。熙熙攘攘，为利奔忙；操心劳神，为欲所驭。而推拿店的盲女店主却是能真正享受到“鸟语在前，花香在后”之盛景的丰盈的人！

我闭着眼睛，在盲女有力而节奏感极强的推拿里，感受着那种淡然自在的氛围。

鸟语在前，花香在后，安抚疲惫的身心，还有什么比这个“灵魂的推拿”更有效的呢？

生活给了她一副烂牌，可是她却赢了牌局。她让我想起撒贝宁曾经说的话：“如果命运是世界上最烂的编剧，你就要争取做你自己人生最好的演员。”

罡风虽劲，
我们却温柔

罡风来袭，

我们不做被命运流放的纸片，

要做有生命的蝴蝶。

这无常的风，

永远无法将我们吹跑，

只要心中有爱，

就可以牢牢地钉在这美好的世界里。

01

和一位酷爱朗诵的朋友聊天，她告诉我，有些付费的稿子请她读，她因为不喜欢稿子内容直接拒绝了，而她喜欢的稿子可以免费读。她曾靠读小说两个月赚了三万多元，但久坐不动，让她颈椎的老毛病犯了，足足躺了半个月才缓解。此后她再也不愿被金钱绑架，说钱够花就好，健康和自由才是最重要的。

我想她和我一样，不愿为了钱丢掉对好时光的享受。我们都喜欢在时光里赏花读诗，为一株幼苗搭建一个支架，为一朵小花洒几滴甘露。怡然自得，像树荫下小憩的猫。

我认识一个年岁很大的邮递员，胖胖的身子，每天骑着车子，气喘吁吁却快乐无比地穿梭于大街小巷。他那绿色的大帆布兜子里，没有一封信是属于他自己的，但他无比欢愉，他知道那里面有急切、有安慰、有叮嘱、有思念、有爱意，他帮助人们传递这样的情感带来的快感，远超过骑着单车上坡下坡的劳顿。他爱上了这份职业，日复一日，风雨无阻。

我们常常为他的快乐精神所感染，对于这位急着为我们带来福音的邮递员，对于他偶尔不敲门就进院的不礼貌行为，也常常能够轻易地原谅。

这位老邮递员，找到了他爱着的这份职业，兢兢业业地去做，快快乐乐地去做。他渺小、清贫、缓慢，却走到我灵魂的前头去，他是我的楷模。

在时间和时代的摧残下我们行色匆匆，茫然地向前赶路。即使遭遇不幸，我们也不敢长久地哭泣，只怕错过了太阳又错过了星星；即使有美丽惊现于我们卑微的生命中，我们也不敢为一朵花儿停留太久，只怕为了一片树叶，失去整座森林。我们为了“得”，不断地去学习“失”，去习惯“失”，去刻意“失”。可是，我们渐渐地还是发现，我们的灵魂如同一间空屋子，虽然可以常常刷新到全新状态，却也终于找不到往日生命中曾有的温存了。

一个人所求越少，得到的快乐越多。放慢脚步，你可以那么悠然地看风景，于平静的心尖上去喜欢每一个人、每一句话，像风一样从容。

02

蔡澜先生写过一件小事：他去一家餐厅吃饭，看到一个小伙扮成小丑，用气球扎出各式各样的动物形状，把来吃饭的孩子逗得很开心。他每周来两次，每次 1 个小时，一次赚 700 元，这只是他的副业，他的主业是送快递。蔡澜先生问他怎么学得的这一手绝活儿，他笑着说，自学，买书自学，多试几次就会了，可以增加收入，还能让别人开心，何乐而不为？蔡澜先生佩服不已。这个小伙如果只是抱怨他爹妈拼不过别人、工作太辛苦，整天愁眉苦脸，那么他的生活过得怎样就可想而知了。

他的内心塞满了爱，抱怨就没有地方落脚了。事实证明，抱怨是最无用的行径，当你不停地抱怨，不停地祈求上帝帮你实现这个愿望那个愿望的时候，你可曾想过，这只是在做无用功。

这一段时间发生了很多事，清晨还在互相问候的邻居傍晚就驾鹤西去，几个年纪轻轻的同学生病住院，家人出了车祸，险遭不测……生命中太多猝不及防的意外，让人无从闪躲，疲于应对。我们唯有谨小慎微地去爱，如履薄冰地去珍惜。

活着就要寻找属于你的幸福和快乐。想走的时候，脚下有路，想歇息的时候，头上有荫；回家的路上，有一盏灯，到家的时候，有一个拥抱——这就是幸福。晨跑时遇到一只可爱的小松鼠，和我对视了三秒。昨天我自己做了烧鲫鱼，味道还不赖。同事小胖支持的球队赢了，热情地拥抱我庆祝。看到一个很好笑的笑话，皱纹秒增三条半——这都是快乐。它们很小很小，小得如同尘埃里一只蚂蚁的触须。

罡风来袭，我们不做被命运流放的纸片，要做有生命的蝴蝶。这无常的风，永远无法将我们吹跑，只要心中有爱，就可以牢牢地钉在这美好的世界里。

心中有爱，万物芬芳。

虽然时光余味苦涩，

但请相信万物皆有回甘

怀着好心愿认认真真过日子的人，

都是有福气的人，

即使这福气里难免有若有若无的苦涩，

但幸好也是有回甘的。

01

天生的肥头大耳，常常被人说有福气，说的人多了，也就真的相信自己是有福气的人了。

父母安康，妻贤子孝，这是顶呱呱的福气吧；事业有成，挚友不弃，这是贼拉拉的福气吧；结婚的时候，父亲给我们的祝福是“好好过，别糟蹋了有福气的好日子”；院子里总是溜进来一些流浪猫狗，母亲会说这是好福气，“来猫来狗，越过越有”；挨了歹徒的四刀，死亡线上走一遭，来医院看我的人，几乎每个人都安慰我“大难不死必有后福”，能保住命，这不就是天大的福气吗？

邻居刘二婶三年里死了两任丈夫，可她还是坚持每年都在门上贴上大大的福字。贴的时候毕恭毕敬的，仿佛福气会因为她的一点不敬就被风吹散了似的。

邻居们和她说，家里刚刚死了人，就不要贴大红的东西了吧，免得别人说三道四的。她说日子太灰暗，要给自己置办点儿喜气，什么都可以省，这个大红的福字不能忽略，必须贴。她坚信，人间不光有苦难，总会有属于她的福气的，正如她坚信明天会有崭新的太阳一样。

其实福气就是你心头的那么一小块儿阳光充沛、氧气新鲜的绿地，不求太多。

人活着何必要那么多东西呢？你看，一小滴露水就可以养活早晨，一小片阳光就可以养活中午，一小只萤火虫就可以养活夜晚。那么我们呢，是不是一点点福气就可以养活一世光阴呢？

有一对常常给孩子讲童话的父母，是孩子的福气。他们给了孩子一个童话的家，把孩子扮成白雪公主，让七个小矮人做孩子的七个管家。

一根刚想去天堂的火柴，恰巧就被点燃了，这就是它的福气。

风调雨顺是农人的福气。丰收的季节即使不开灯，农人的心里也总是红彤彤的。

相比于丰盛的食物，丛林里不再有黑洞洞的枪口对着它们，这就是鸟儿的福气。

今年雨水少，蚊子自然也很少，这就是露宿街头的人的福气。

按照我们这里的习俗，过了八十岁死去的人被看作是有福气的人，而外婆去世的时候已经九十三岁了，所以那一天的孝布被认为是福兆，人们争着抢着要分到一块。出完灵，把所有纸扎的牛马都烧掉之后就更热闹，人们不分男女老幼，争抢着往回跑，如果谁最先跑回老太太曾经住过的炕头，谁就抢到福了。那时，我夹在疯狂奔跑的人群之中，像被风卷起的一团纸屑，不由自主地跟着奔跑、旋转，一直到那场大雪落下的时候，人群才慢慢平静下来。

现在想想当时真是傻得可爱，福气不是抢来的。

人间自有福气在，属于你的，自然会依着你的气味寻来，附到你家的屋檐下，门楣上，一块玻璃，一片瓦，虽看不出异样，却隐隐多了一层光晕。

怀着好心愿认认真真过日子的人，都是有福气的人，即使这福气里难免有若有若无的苦涩，但幸好也是有回甘的。

02

我甚喜饮茶，那日在街上遇到一位卖茶的老人。我不知道他卖的是什么茶，红色的，好像一个个火柴杆。不，确切说是烟色的，大概是什么花，可是又没有花香，是一种清淡得有些苦的香气。

卖茶的老人告诉我，那是海南的苦丁茶。

他只卖这一种茶叶，外加几味草药，还有一点柠檬片儿。他把这些装在一个破旧但是干净的兜子里，背在后肩上，如果不叫卖，没有几个人知道他是在卖东西，只以为他是过路的。

他就那么颤颤地一路走过去，欢快的叫卖声听起来像在唱歌，茶香就悠悠地钻进了人的鼻孔。

那老人的脸就像翻卷的茶叶儿，一道道的纹路，筛着早上的阳光，他每天会选择一个角落蹲下来，隔了很久才会叫卖一声，声音不大，却是欢快的。茶香诱人，我走过去，接着又有几个老人走过去了，都是奔着那茶香去的。

渐渐地，他那里热闹起来了，很多人买走了他的茶叶，很多人买走了他的柠檬片，很多人买走了他的草药。

他的兜子空了，茶香还在。

我们和他道别，他说，明天还来，只要还能走得动。我知道，只要他还在，就依然会听到他仿佛唱歌般的叫卖声。

后来听那些老人们说，这卖茶的老人是个鳏夫，年轻时就死了老婆，连个后代都没有。这么多年，一直都是一个人孤苦伶仃地过着。慢慢地，把自己熬成了苦丁茶。那些苦难，让他的人生多了一些苦香。

可他并不显得多么悲苦，每日里一边卖茶，一边和老人们天南地北地闲聊，时不时地爆出一串爽朗的笑，于是我知道了，那笑声，便是他藏起来的茶香。

茶香是藏不住的，芬芳了自己，也愉悦了很多人。

03

父亲是个天性快乐的人，人们很少在他的脸上看到愁容，即便当时面临着种种无法言说的窘境。

“天塌下来当被盖”“兵来将挡水来土掩”“车到山前必有路”……这都是他经常挂在嘴边的话。听上去似乎不那么积极，但却体现出父亲一贯的做人准则，生活中，有点儿困难，没啥大不了的。

一碟花生米就是最好的下酒菜，一边喝着小酒，一边哼哼呀呀地来上几句二人转，那时光不知不觉就被他喝多了，时光的脸上浮现着动人的红晕。

父亲眼神不好，总是喜欢拿着放大镜读书看报。有时候读着杂志上的笑话，会笑得像个孩子一样肆无忌惮，而且不忘大声念给我们听。

父亲说，生活啊，就该拿着放大镜去找快乐。

让琐碎和辛酸在眼底飘过，不去计较。但是细微的快乐，不要放过，要细细品味。父亲的“放大镜哲学”令我受益匪浅。我用它挨过了生命中最艰苦的时光，高考落榜、失恋、被歹徒伤害……日子再苦，都不忘给生活挤出一个笑脸来。这不是自欺欺人，这是对待生活的一种积极的态度。

有一年冬天，和女友在广场散步。身旁的几棵树上，一群麻雀在枝间追逐嬉戏。这时，耳边传来一串带着童音的笑声，原来一个卖玫瑰花的小女孩也正看着那群麻雀。雪飘在她冻得发红的脸上，飘在她怀里那束玫瑰花上，飘在她单薄的身上，她却沉浸于眼前的景致，全然不顾风雪的寒冷，喜悦在自己的快乐中。

小女孩向我们兜售她的玫瑰花，我们毫不犹豫地买下几朵。小女孩欢快地接过我们递过去的钱，继续关注起树上的那群麻雀来，笑得那样灿烂。小女孩此时心里一定是温暖的。她并不为自己的穷苦发愁和悲伤，那份满足的神情，让我想到哥奇兰笔下的那个快乐的流浪女。她说，天空有鸟儿飞过，这就是她的圣诞礼物。一片羽毛，一片阳光，一束花或者一朵云，都是上帝对她的宠爱。

我们与她聊天，知道她因交不起学费辍学了，可是她并不灰心，她说，等自己挣够了学费，就会回到学校里去继续读书。“我很想我的学校，很想我的课桌，不知道老师会把我的课桌分给谁去坐了呢。告诉你们一个小秘密啊，我在我的课桌侧面，偷偷地刻了几个字呢，你们猜是啥？”我们猜不到，她笑呵呵地接着说，“我刻的是‘等我回来’。”

那几个字仿佛是她和她的课桌之间的秘密之约，彼此快乐地盼望着重逢的那一刻。眼前的困苦，在她看来，不过是一场插曲，就像一个电视剧，每每到了高潮的时候，总要插进来一段广告一样，而且还不忘提醒揪着心的人们：广告之后，马上回来。

“随便往桌子上刻字，就不怕老师批评你啊？”小女孩很可爱，我们忍不住继续和她打趣。

“不怕，因为我当时拿着放大镜刻的，那么小的字，不拿放大镜根本看不出来。”说完她笑得更欢快了，害得树上的麻雀都忍不住停止唠叨，朝她这边望。

她穿得很少，我禁不住问她冷不冷。“冷，”她说，“不过春天马上就要来了，你看，那些麻雀也冷，可是它们多快乐啊！”

我们看到的是麻雀，小女孩看到的是快乐，就因为小女孩在用放大镜观望着生活。

这个世界上，精英毕竟是少数，大多数人都是平凡的，每日面临的也都是柴米油盐鸡毛蒜皮的小事，免不了婆婆妈妈，但即便如此，快乐也是必不可少的，哪怕是很细微的快乐。

正因为那快乐细微，我们才更应该珍惜，好好去回味。按照父亲的说法就是，用放大镜察看那些细微的快乐和幸福，那快乐和幸福就会被放大好几倍。

就算人生是个梦，

我们也要有滋有味地做这个梦

半个身体的浪漫主义，

半个身体的现实主义，

既可以做着爱情的美梦，

又不必担心错过行进路上的风景。

01

她是一个穷困人家的主妇，丈夫是个矿工，儿子正在读小学。日子虽苦，但她却对生活充满了无限热情，心里就像装着小火炉一样，把日子过得风生水起。

她在自家院子里种了一些小菜，都长得郁郁葱葱的，甚是水灵。还养了一大堆鸡鸭，鸡鸣狗叫的院子，整天一幅热闹非凡的景象。

也是奇怪，大概是她心善，别人家的猫啊狗啊，都争着往这院子里跑，甚至连野鸽子也争着在她家的房檐上栖落。

她常常在收拾完家务后，搬个凳子坐到阳光下，在枝繁叶茂的夏天里，未雨绸缪地织着丈夫和孩子冬天要穿的毛衣。偶尔，还会看看书，还会念起从年少时光一路尾随而来的诗歌，那割舍不断的“文艺范儿”使她看上去比邻家的妇人们要优雅得多。更多时候，她看的是烹饪书，她喜欢变着花样儿给丈夫和儿子做饭吃，她喜欢看丈夫和儿子狼吞虎咽吃饭的样子。

她不像别的妇人那样，有空了就去打麻将。也很少和她们聚堆儿，东家长西家短地嚼舌根。在外人看来，她是孤僻和寂寞的，只愿意守着自己的家。她却觉得幸福得很，虽然丈夫挣的钱不多，日子却过得充实。

她会因为做出来一道新的菜式而欢呼，会因为丈夫提前一小时下班而雀跃。儿子上学出门前会喊一声："妈妈，我走啦。"她急急地跑出来，"跟妈啵一个再走。"儿子会满足她，勾着她的脖子，给她一个响亮的"啵"。丈夫每天下班回家，都会远远闻到屋子里飘出来的菜香，酒还没喝便先醉了，回家的脚步更快了些。

家的骨骼是男人，家的血液是孩子，而家的灵魂是女人。一个贫穷的家，因为她而绚烂多姿起来。

我想起老舍的《小人物自述》里的一段描写：

每逢看到一条癞狗，骨头全要支到皮外，皮上很吝啬的附着几根毛，像写意山水上的草儿那么稀疏，我就要问：你干吗活着？你怎样活着？这点关切一定不出于轻蔑，而是出于同病相怜。在这条可怜的活东西身上我看见了自己的影子。我当初干吗活着？怎样活着来的？和这条狗一样，得不到任何回答，只是默然地感到一些迷惘，一些恐怖，一些无可形容的忧郁，是的，我的过去——记得的，听说的，似记得又忘掉的——是那么黑的一片，我不知是怎样摸索着走出来的……走出来，并无可欣喜；想起来，却在悲苦之中稍微有一点爱恋；把这点爱恋设若也减除了去，那简直连现在的生活也是多余，没有一点意义了。

我们都是小人物，这样的感慨其实我们都曾经有过。有什么好难过的呢？房子旧了还有暖帐，暖帐凉了还有温床，温床冷了还有左手和右手。

其实不光是小人物有这样的感慨，大人物也有。乔布斯算得上是大人物了吧，他说过，做墓地里最富有的那个人对我来说毫无意义，对我真正有意义的是，晚上睡觉之前可以说自己做了一些精彩的事。

尼采说："就算人生是个梦，我们也要有滋有味地去做这个梦，不要失掉了梦的情致和乐趣。"如是，只要认真地去过，把每一天都当成是上天的礼物，我们每个人就都可以成为岁月的厨师，把一个个普通的小日子翻炒得上下翻飞，色香味俱全。

02

青是全职主妇，有一颗浪漫的心。她会在老公值班的晚上，领着孩子，带上一堆好吃的零食，去陪老公值班。她也上网，给自己取个网名叫"幸福在冒泡"，网友们问她是做什么工作的时候，她就说：是老师，但只教一个孩子；是厨师，但只服务老公和孩子。害得她的网友日益减少，都嫌她太幸福，一点感情的缺陷都没有，让人家怎么"见缝插针"啊。

结婚 10 多年了，青和老公依然像热恋中的情人一样，如胶似漆。

面对周围朋友羡慕的目光，她说：“过日子，过的就是一个味道。”

兰是和青的性格迥然相反的人，兰有自己的事业，一颗心被分出好几瓣，不会像青那样，一门心思呵护着自己的家庭。

兰和青是无话不谈的好朋友，兰算是一个事业有成的人，她不忍浪费每一秒的时间。结婚10年了，她甚至可以数得出来在家里吃饭的次数。兰的丈夫也有自己的生意，每天也忙于应酬，日子久了，两个人几乎忘记了在家里吃饭的感觉了。

结果自然是如很多小说中写的那样：兰的丈夫提出了离婚，她怀疑他在外面有了女人。而兰却是还爱着自己的丈夫的，她不明白自己做错了什么，她觉得自己做的一切都是为了这个家，为了一家人生活得更好，可是结果为什么恰恰相反呢？

兰有些不解，找到青。青说，去买不同的米，做不同的粥，日子就有了不同的味道。

兰也不知道这秘诀是否好使，但她真的去买了很多种米，找来各种食谱，认真煲起粥来。那些粮食的香味沁人心脾。

兰并不奢望一顿饭就能把丈夫的心拉回来，可她还是约了他回来。她说，对不起，结婚这么久了，都没让你真正体会到家的味道。

一个大男人，竟然落了泪。他说他以为在婚姻里失去了味觉，没想到一顿饭就唤醒了他。他贪恋这种家的味道。

从此，厨房成了两个人感情的纽带，不管谁先到家，总会迫不及待地在厨房里忙活起来，让后回来的那个人，还没进门就能闻到浓浓的饭香。

再见到青的时候，兰的脸上有了幸福的光晕。青替她总结道：家就要有家的味道。

很久以前读过一首诗，描写女人在厨房里炒菜的情形，“马不停蹄地在厨房穿梭，抛几朵歌声做香料，炒出一道道别具滋味的佳肴”。那是多美妙的瞬间，多美妙的味道啊！

有味道的日子才是好日子。

03

妻子养了几盆花，出差前交代我，记得给它们浇水。我给忘得一干二净。一周后妻子回来，看见花盆里的土都干得冒烟了，气得和我咆哮起来。我为自己辩护：“你养花是因为你喜欢，我又没说喜欢，所以照顾不周也算情有可原的吧。”妻子说：“你就不能因为我喜欢而喜欢它们吗？”

养花，本来是一件很怡心的事情，最后却演变成争吵。

我自知理亏，赶紧开始弥补，一整套推拿按摩，不疾不徐，不轻不重，舒筋活血，看在我诚心悔过的分上，妻子转怒为喜。

妻子的一天，永远从一滴水开始。她起床后的第一件事，不是刷牙洗脸，而是先照看她的花。她浇花用喷壶，很细致，洒落在叶子上的一滴滴水就像她的爱，充盈着整个房子。她说她在浇花的时候，想到了我和孩子，她说我和孩子也是她的花。

她的唠叨，她的叮咛，就是一滴滴浇花的水。在她的唠叨里，我从一个穷小子走到了今天，也算是小有成就，两个孩子也聪慧可人。这些无一不是那一滴水的功劳呢！

可是，我曾经对那些唠叨产生了怎样的抵触和愤懑啊。就像我曾质疑过一滴水那样——别去奢望一滴水滋润一朵花，它竭尽全力去做的，不过是鼓起腮帮，用阳光的反射，映衬你的一个微笑而已。

妻子的想法与我恰巧相反。她说她在浇花的时候，看到那一滴滴水在叶片上，就仿佛能感觉到它们慢慢顺着看不见的花的筋脉，一路滑下去，一直滑落到根部，它们是完全可以滋养那朵花的。别小瞧了这一滴滴水，是它们撑起了一朵花的幸福。

妻子总是可以从另外的角度去看一件事，常常会带给我不一样的思考。比如，她让我知道，一种花迫不及待地开放，是它惦念着早一点儿尝尝人间的味道；一种花慢悠悠地开放，是它想着来人间一趟不容易，要想好了再来。

她有个习惯，喜欢把银行卡里的钱不停地倒来倒去，比如这个卡里的钱，过几个月之后就存到另一个卡里去，每次存完她都会很高兴，一副开心不已的样子。

“我们不过是新换了一张卡而已，也没多存钱进去，有啥高兴的呢？”我忍不住问她。

“怎么没有呢？我们多存进去的一份收入，叫快乐！”妻子说。在她看来，这看似多余的举动，也是生活中的一滴水，让日子有了鲜活的气息。

水果店里的品种越来越多，妻子买水果的时间就长了一些，可是每次她也不多买，还是简单的一兜，但她笑意盈盈地说：“甭管我手里攥着几块钱，能随着自己心意去挑选，这心啊就觉得幸福。”

每次去吃冷饮，我总是习惯从自己的碟里剜出一勺来给她。在我看来，女人总是要比男人爱吃冷饮的。妻子每次都美滋滋地接纳我给的那一勺。按照她那“一滴水”的逻辑，这一勺，就叫幸福。

每一个日子都排得满满当当的，说得好听一点，我的日子充实得没有一点缝隙，说得难听一点，日子过得像狗。昨天、今天和明天，就是一个日子咬着另一个日子不松口，一直通往最后的一天。所以，有时候感觉疲累，妻子的“一滴水”恰到好处地滴到我的心上，她总是帮我舍掉一些东西，比如培训班的学生，本计划收20个，她说，一半吧，10个就好，不要让自己太累。年轻的时候，她总是鼓励我不停地去追逐，中年之后，她就总是劝慰我去放下一些东西。

她一再降低幸福的门槛，以便我们更容易接近幸福——推开柴门就是家，这多好；喊一声母亲就是家，这多好；一家人健健康康，这多好；念着念着春天，春天就来了，这多好；那么多那么好的事情，想着想着就看到了，这多好……

这就是妻子“一滴水”的智慧，别小瞧这一滴滴水，是它们滋养了日子。傍晚沿着山林散步归来，我特意弄了一袋腐叶土，我想给妻子的花们添一点儿营养，我想，我可以不喜欢花，但是一定要为那喜欢花的人做点儿什么。

爱，

总要拐几个弯儿才来

人生不会都是笔直的大路。

有时候，

爱和幸福一样，

也是七拐八拐，

拐了好几个弯儿才来的吧。

01

他和她，是经人介绍认识的。

他是一名的士司机，老实巴交的一个人，长年累月风里来雨里去，行遍了小城的每一个角落。她是银行的小职员，每天两点一线，很内向很规矩的一个女孩。正因为两个人这样的性格，导致了他们成为大龄的“剩男剩女”。

他和她在一起，话不多，常常会因为想不起说什么而有些尴尬。她和他在一起，常常心有旁骛，一颗心没有着落的样子。中间做媒的人跟着着急，问他们到底还处不处了，两个人没说处也没说黄，彼此等着对方说些什么，却都是欲言又止。

偶尔，他们也会聊起那些过往。他说，媒人给他介绍过两个对象，可是最后都黄了，因为其中一个不让他把母亲接过来住，而另一个是嫌他穷。就像他的人一样，连过往的经历都那么平淡无奇。她也对他说了她的过往，从她说话的表情来看，她是留恋那些岁月的。她说她有过两段感情，烟花般绚烂而又短暂。两段感情都有着相似的情节，灿烂的开始，落寞的结局，两个男人先后负她而去。这两次情感经历就像两把刀子，生生地割着她的肉。她是一个“死心眼”的女人，总是无法从记忆的阴霾中走出来，家人跟着着急，就想让她尽快嫁出去，怕她这样时间长了会生病。

情人节的时候，憨厚木讷的他不懂得给女孩子送花，更别提说什么好听浪漫的话了，只会开着车子对她说：“带你看看咱城市的夜景吧，很好看呢。”她就坐在车里，不说什么，任凭他把车子开到哪里。她想起以前的男友，在情人节的时候找来一大帮人为她在一个偌大的楼顶燃放烟花，那些异彩纷呈的浪漫璀璨了她那颗少女的心。只是她想不明白，那么美好的东西为什么会稍纵即逝呢？

“哎！”她轻叹着，哀怨的眼神飘向窗外。她说她总是不能忘怀，那些浪漫的情节仍旧时常在她的梦里闪现。每每这个时候，他也会轻声地跟着叹息，仿佛对面坐着的是他的一个受了伤害的亲人。

每天她下班的时候，他都会准时把车停在她单位的门口等她，送她回家。他不说什么，就那么憨憨地笑着，接过她的包，替她打开车门，每天都是这样。如果哪天单位加班了，他就在外面等，哪怕等到深夜。和她的“死心眼”比起来，他就是有点“一根筋”了。按理说，通往她家的是一条大路，他完全可以在那条大路上直达她的家。可是他偏偏不走大路，总是七拐八拐地走一些小道。她在心里笑他，以为他只是想和她多待一会儿，可是又不善于表达，就想到这个笨笨的办法，虽然可笑，却也挺可爱的。想到这里，她并不埋怨他。

终于忍不住，有一天，她问他：“有条大路可以直接通向我家的，你为什么总是要走小路呢？七拐八拐的，费事不说，也费油啊。”他只是笑笑，没说什么。

日子就那么过着，两个人谁也没说过和爱有关的字眼。他认为每天能开车送她回家就很幸福了，他以为这样她就是默认了他们的关系。直到有一天，他突然接到她的电话，让他别去接她了，她说她有事情不回家了。他并不怀疑，只是到了那个时间，很习惯地又把车子开到了她单位的门口。可是他却看到她坐进了别人的车子，那是一辆白色的雪铁龙，耀眼的白，刺得他有些睁不开眼睛。

一连好几天，她都说不用去接她。他开始有了某种不祥的预感。果然，她在电话里对他说，以后不用接她了，她说他们在一起不合适，祝愿他找到一个比她好的姑娘。

那些日子，他跟丢了魂似的，没心思做任何事。每天到了那个时间，他还是忍不住要去那里等她，但每次都是看到她坐进别人的车子。

有一天，那辆车没有来，他看到她不停地拿出手机，不停地拨着号码，然后就是不停地哭，不停地问着“为什么”。看着她在风中因为抽泣而不停抖动的身子，他的心底有一种被撕扯般疼痛的感觉，他脱下他的外套披到她的身上，他说回家吧，天气凉了。

她说她以前的男友从国外回来了，约她见面，说很想念她，想重新和她在一起，让她再给他一次机会。她原谅了他当初的背叛，她以为这是上天对她的怜悯，让自己的生命重新灿烂夺目。没想到，这又是一场烟花表演。就在他们约会的地方，一个自称是他太太的女人出现了，那是个很厉害的角色，当着他的面，重重地扇了她一记耳光，说她是个狐媚，净想着勾引她的男人。委屈的泪水夺眶而出，她感到自己有些支撑不住，天旋地转，随时都有倒下去的可能，可是他却跟着那个女人，灰溜溜地走掉了。

稍纵即逝的烟花，又一次烧焦了她的心。

“哎！”他还是陪着她轻叹，也不会说安慰的话，只给她讲在广播里听到的笑话，说一些奇闻异事，提醒她明天要降温，记着多穿点衣服……她的心慢慢平复了，她说谢谢你，送我回家吧。

他还是不走那条大路，七拐八拐地还是走了那条小路。终于，她还是忍不住地问他，为什么不走大路呢？

他说：“你没看见前面有个很大的垃圾堆吗？如果走大路，车子就得停在垃圾堆那边，那样，你不是还得多走50多米吗？从这边走，就可以直接到你家门口了。”

她愣了半天，没想到这个木讷的男人竟然如此心细，她忽然感觉到一种前所未有的温暖。

她想，单单这一句，该是胜过所有浪漫的山盟海誓了吧。

他把车灯打开，直到她进了屋，开了灯，他才转身离去。

她给他织了件毛衣，说冬天到了，天天起早贪黑地开车，要穿得暖和些。他迫不及待地在大街上就把毛衣换上了，满脸满心的幸福喜悦。

她想，能给另一个人带来温暖，也是件很幸福的事情呢。

看着夕阳下仿若天使的她，他咬了咬嘴唇，似乎下了很大的决心似的，而她的脸上亦是挂满红晕，似乎在等待着他说什么。“我……我……”他挠着脑袋，喃喃地说，“以后你下班的时候，我还可以去接你吗？”她被他的憨气逗乐了，大声地说：“当然了，而且不走大路，走小路。”

他和她都笑了，天上开始飘起雪花，慢慢地落到地上，正在织一张幸福的地毯。

她终于敞开了心扉，她想，人生不会都是笔直的大路，有时候，爱和幸福一样，也是七拐八拐，拐了好几个弯儿才来的吧。

人生更像走隧道，刚开始的时候，只有后面有光；走到三分之一的时候，前后都没有光；走过了三分之二，就看到了光芒，直到出隧道看到希望。

爱和幸福也一样，总是七拐八拐，拐了好几个弯儿才来的。

02

他们是邻居，彼此都目睹了对方的不幸：一个是丈夫身患绝症，不幸离世；一个是妻子遭遇车祸，被风卷走了魂魄。因为同命相怜，他们在彼此的帮助中生了许多细小的情愫。终于有一天，他们决定组成一个新家。

在一个阳光灿烂的秋日他们领了结婚证，但属于他们的第一个夜晚没有激情，更多的却是局促不安。他们彼此心照不宣，在这个特殊的日子里，他们都在怀念各自曾经的爱人。

日子波澜不惊地走过，邻居们每每谈论起这对半路夫妻的时候，都会不由自主地赞叹他们是一对相敬如宾的好伴侣。只是，邻居们不知道，在他们看似平静的生活中，隐藏着些许哀伤和无奈。比如，他经常叫错她的名字，有时在看电视的时候，他会忽然喊她：快来，有你喜欢看的黄梅戏！话说出去，他的脸就红了，她知道他又把她当作前妻了。而她做菜的时候，总是不由自主地依照着前夫的饮食习惯，有一次看到他被辣得直吐舌头时，她才蓦然反应过来，内心充满了歉意，而他则讪讪地为她开脱：男人吃点辣的好，真过瘾……她心里清楚，其实他们谁都没有忘记过去的爱人。

难道就这样一辈子过下去吗？她对这半路结合的夫妻之情开始犹疑，心情越来越压抑，自然对他也越来越冷淡，甚至想到了放手。

那个周末，她突然发现自己放在阁楼里的小木箱被人开启过，那里面装着她的几本日记，上面细细密密地记载着她和前夫从恋爱到结婚所有的生活细节，她一直视为至宝，那是属于她的秘密。她涨红着脸忍不住去质问他，他低着头，欲言又止，最终怯怯地承认了自己的“偷窥”

行为。她很生气，觉得他真不可理喻，一怒之下跑回了娘家，捧着前夫的遗像放声痛哭起来，她无法忘记她与前夫相亲相爱的从前，无论用什么办法，也无法剔除那一块长在心上的哀怨。

妈妈窥出端倪，对她说："两个人重新搭伙过日子不容易，日子总要往前赶，你要多想想现在的他对你的好。"那一夜，她真的就在脑子里一遍遍地播放起关于他的小电影来：她生病的时候，他笨手笨脚地伺候她，一趟趟地给她端水喂药；晚上回家为了给她解闷，他给她讲一点都不好笑的笑话，给她模仿小品里的经典对白……尽管没有什么激情，但都是些让人温暖感动的细节啊。一颗操劳了半辈子的心，能有一个人呵护它，焐热它，还求什么呢？她想：为了他，我为什么不能改变一下自己呢？

她回来的时候，远远地看见他正在阳台上不停地张望着。这让她的心一下变得暖乎乎的。她进了屋，他就颠颠地跟在她的身后，搓着手不停地念叨："回来好，回来好……""看你，都瘦了，怪我不好。"看着他憔悴的脸色，她竟有些心疼。"不，不，是我不好。"他挠挠自己的头，有些不知所措。看他憨憨的样子，她笑了："今天让你尝尝我的手艺。"那是她回家的路上打电话给现在的婆婆，从她那里讨来的厨艺。

扎上围裙，飞快地钻进厨房，她煲了一锅排骨汤，放了萝卜和他喜欢的香菜。他不禁惊讶赞道："好久没有吃到这个菜了，真香。"吃过饭后，他打开了电视，固定在她最喜欢的文艺频道。热热闹闹的小品像烟花一样，欢乐瞬间绽放了屋子的每个角落。她跳到沙发上，盘起腿，美滋滋地看起了电视，娇嗔地对他唠叨说："饭是我做的，饭碗要你来拣。"他嘴上"埋怨"着，两只脚却撒着欢地奔着厨房去了。

洗刷完毕，他郑重其事地掏出一把钥匙交给她，坦白说那是他偷着配的。他说，他偷看那些日记，只为了更多地了解她的性格、她的喜好，他想把自己复制成她的前夫，他想让她幸福和快乐。然后，他变戏法似的掏出一只晶莹剔透的绿翡翠手镯来，戴在她的手腕上。那是她一直喜欢却舍不得买的。她愣了一下，并没有收起那把钥匙，而是用钥匙将那个木箱打开。"是该让它们出来晒晒太阳了。"她释怀地笑了，此刻阳光浩浩荡荡地涌入，灿烂在彼此的脸上，曾经的爱又回到了彼此的身边。

人世间，有一种爱是可以重来的，你不必遗忘过去，但也不必将过往沉重地负在肩上。好好地生活下去，才是对天堂里的爱人最好的纪念方式。有一种爱是可以复制的，只要你生命的记事本上还有温暖，还有感动；有一种幸福是可以粘贴的，在你柔软的心的土壤上，只要你肯去培植，肯去浇灌。

复制一颗心，只为让你前来停泊。

关于明天的事情，

后天我们就都知道了。

所得，所不得，

皆不如心安理得。

对爱的不完美
学会释然

许多男女之间感情出现问题，

其症结就在于你的斤斤计较，

你的打破砂锅，

你的得理不饶人，

等你什么时候懂得糊涂了，

幸福也该降临了。

01

朦胧的气息像是爱情中弥散的香，陶醉了别人，也芬芳了自己。透明和坦诚固然重要，但朦胧和糊涂更像是爱情的面纱，犹抱琵琶半遮面，使你的爱情楚楚动人。于是那些游荡在人们身边的唾手可得的糊涂，就成了支撑男人们继续潇洒、女人们接着妖娆的无限力量。

有一个男同事，他原本很快乐，却在一次同学聚会后，变得郁郁寡欢。是因为他知道了一个答案，而这个答案并不是他想要的。原来，在高中的时候，他一直喜欢班级里的一个女同学，而那个女同学似乎对他也很有好感。但由于年纪尚小，两个人谁也没有开口表白，但他的生命因为这段爱恋而变得美好。他心底总有个心愿，想急切地知道当年的她到底喜不喜欢自己。这次同学聚会，她从外地赶了回来，依然那么光彩照人，他想尽办法，最后通过她的一个“闺中密友”来打听，结果让他大失所望。原来，一直都是他自己一厢情愿，她对他根本就没有任何想法。他开始为自己年少的多情后悔。原本美好的一段往事，因为他的“打破砂锅问到底”，变得意兴阑珊。

其实，在拥挤又默然的人间，能有一场相遇已算奢侈，又何必再去贪图些什么？纵使往后的命运扑朔迷离，至少有可以反复咀嚼回味的美好片段与时光。所以，不如保持沉默，把心中的旧爱藏好，无论痛苦还是幸福，都无须揭露。

我曾经看过一个叫《恋爱地图》的电影，讲述了三个分别发生于东京、台北和上海的故事。里面有三个很有意思的情节：惠子和东京的男友合不来，一个电话就可以拜拜，她却可以和语言不通的台北的阿强借一只猫和漫画结缘；晓萱和台北的男友分手后，思念满溢，却连面也不敢见一面，反而可以在日本人三郎身上觅得一丝温暖；日本人高根被女朋友以一纸明信片抛弃，他却反而可以和上海的小璐以磕磕绊绊的中英文和西班牙语达成默契。三段情节突出了“爱情不用翻译”的核心思想。远在天边的人容易沟通，同在一个天空下的反而有隔阂。

一个人最初的喜欢，是什么样子呢？我想，应该像小鹿哒哒哒地跑，在小溪边停下来喝水，忽然就愣怔在那里，它看到了倒影里的自己；应该像一只蜜蜂，偷偷地亲了另外的一只，它们的爱情里，弥散着浓浓的蜜的甜香；应该像一种花，不舍得开，从春天拖到夏天，比如迷迭香，花里的妖，多少人都甘愿受它的蛊惑。

应该像那风筝上的信，永远无法寄出，只是晾晒一下心情，只有回程，没有去意。他一封封地写信，可是却从来不敢把信寄给她，他喜欢把写给她的信拴在风筝上，那样，他就觉得那些风和那些云朵把信读给她听了。

暗恋的风筝，永远挣脱不开一根叫自卑的线。他想，什么时候，那风筝可以变成他的信鸽呢？

初恋总是美好的，就像一瓶没有喝到嘴里去的香槟酒，但你闻得到它的芳香。初恋更多的只是喜欢，而不是爱。我看过一句话说：喜欢是荡秋千，可以自得其乐，不需要别人的回应；爱是跷跷板，需要一个人坐在对面与你互动，贴近你的内心。

爱是一起在阳台上坐一坐，不说话，甚至可以像那盆君子兰一样，一动不动，任凭时间像风一样吹过。

02

柏拉图说：当爱情轻敲肩膀时，连平日对诗情画意都不屑一顾的男人也会变成诗人。见到你之前，我只是一句歌词，等待你来谱曲，把我长长短短的岁月，谱得轻灵婉转，余音缭绕。见到你之前，我只是一张白纸，等待你来泼墨，把我明明暗暗的光阴，描得山高水长，鸟语花香。

在心爱的人面前，不自觉地就变得自卑了。在任何女人那里，我都可以是王，唯独在你这里，成了奴仆。你仿佛是回到人间探亲的神，神秘而充满光泽。你并非拥有多么耀眼的光华，只是，你经过的时候，周围的花朵暗淡了下来。你的美，就像花竹海的日出。我仰望你，你就是我的高原；我思念你，你就是我的溪流。

一万个影子也叠不起一毫米的高度，就像我再怎么爱你都只是徒劳。但我并不后悔，依然执着地要做你的影子。就像诗人胡桑在《北茶园》里说的那句：我用一生练习叫你的名字。

痛，不能长久，不然痛到极致人便会死。感情也经不起太多恶劣的处境，不然，就会因为不被呵护而夭折。那都不是美的——如我曾强求在痛中为爱拼却整个青春。今天我才明白，爱便是爱，须像玫瑰花树开出玫瑰花一样自然甜美，而不是强求一株扶不起的蔷薇开出它命中本无的高贵。

爱情，也不必循规蹈矩，但需有华美的探戈一般的舞步，不然，似乎配不上这美妙的词汇。只是，青春里你是否得到过与一个人共舞的许可？

虽然卑微，但在爱情的天平上，你和我，是质量相等的两颗砝码。幸运的是，你给予了我同等重量的爱。关于爱情的纸牌，只有两张：一张是背叛，一张是相守。又一次幸运的是，我握住了后面那张牌。

我说爱你，就像老鼠爱大米；你说想我，就像房东想着房租。这比喻很好，我们不必故作高深，爱就是两个人愉悦地吃饭和睡觉。饭淡茶粗，但因为两个人一起吃而合口；被子单薄，但因为是两个人一起盖而温暖。

烟火气是给爱情补的钙，扎的根。没有爱的地方，装修得再豪华，也如同马厩。有爱的地方，简陋的柴房，也胜过天堂。唯愿爱的闪电，可以撕开蒙蔽之心，可以照亮双目。愿美好的人，在最美好的季节来到这个世界上，被最好的人爱过。

遇良人，享良辰。相爱的人，永远不会走散。

一个人最初的，从喜欢到爱，是什么样子呢？我想，应该像贾平凹说的那样——我偷偷碰了你一下，却不料你如蒲公英散开，此后，到处都是你的模样。

找到琐碎生活里的小确幸

即使生活让人那么累，

也不要忘记让一颗心变得轻松。

一颗热爱生活的心，

不见得非要在空闲时间里才有，

在忙碌的工作中一样可以有。

01

一直以来，母亲都是经营生活的高手。

小时候家里穷，每个月的供应粮总是不到月底就吃没了，为了解决这个问题，母亲去山里采各种各样的野菜，回来和米面搭配着吃，艰难地喂饱我们深不可测的童年的胃；一件衣服，常常是大的穿小了给小的穿，小的穿坏了就把衣服扯开重新打些补丁再做成一件大的给大的穿，如此循环反复。家里有一台缝纫机，过年的时候，母亲会扯上一些便宜的边边角角的布料，给我们每人缝制出一件好看的衣服来，可以让我们在别人家的孩子面前集体炫耀；没钱修补房子，母亲就和父亲自己脱坯盖房子，三伏天里，母亲赤脚在泥浆里劳作，挥汗如雨……

贫穷的日子里，却听不到母亲的叹息，只有使劲往好日子奔的脚步声，那是充满力量和欢愉的。母亲喜欢唱歌跳舞，不论一天怎么劳累，也不忘在傍晚的时候和邻居们凑一起扭一段大秧歌。

再苦再累的生活，也没有磨灭母亲乐观的天性。包括多年以后的失明，让她掉入黑暗的深渊。短暂的忧伤过后，她又变回那个欢乐的人。她总是拿自己开玩笑，有时候撞到了门框不恼，反而自嘲像个蒙着头套拉磨的老驴："卸磨杀驴，怕是我这老骨头给你们吃都不稀罕吃吧，光是骨头，没肉啦。"

我却笑不出来，眼泪在眼眶里打转。

母亲一生奔忙，为了儿女们操碎了心，就像那筑巢的燕子。可是她从未有过一句怨言，总是笑声朗朗，让我们贫苦的日子，有了甜味。

看过丰子恺先生的一幅漫画《衔泥带得落花归》。画上一位母亲坐在椅子上，偷得浮生半日闲，儿女绕膝玩耍，头顶的燕子忙着衔泥筑巢，小女孩张开手臂，试图接住燕子衔泥时捎带着的落花。

这是很有趣的一幅漫画。每个人看它时大概都有着不一样的解读吧，而我从那画面上读到了母亲与生活的博弈。画上的母亲用她的乐观豁达化解着生活里的一个个难题，“四两拨千斤”，以隐忍之术推开烦恼的巨石。

勤劳的燕子在辛苦筑巢的时候，不忘捎带着衔来几瓣落花，这多像在苦日子里一边劳作一边歌唱的我的母亲啊！

母亲教给我一个朴素的道理——只要积极快乐地努力向上，生活的泥点子里，也自会沾着芬芳的花瓣。

02

市里举办摄影展，朋友给了两张门票，我赶紧去家人的 QQ 群里显摆。四妹跑出来说：“我就是个摄影家，你们要不要看看我的摄影作品啊？”

我们以为她开玩笑，没想到她真的贴上来许多摄影图片来，令我们意想不到的是，她拍的那些木头的横截面很是形象，有小乌龟、犀牛、小猫、小狗，我们不禁拍手叫好。她说这都是她业余时间用手机照的，看到好看的横截面，就拍下来。

四妹在一家工厂做工，很辛苦，为了多挣些工资，经常加班加点地工作。我们都说她，何必把自己弄得那么累，一点轻松的时间都没有。

可是她懂得在那点闲暇的时间里让自己变得快乐。

她的QQ签名也总是兄弟姐妹当中最快乐诙谐的一个，有时候是一句调皮的话语，有时候是一句夸张的自嘲。每天晚上不管多晚回来，她都要在家人群里发一张咖啡表情，道一句晚安。然后照例要打一局线上斯诺克，才会去睡觉。

有一天，我半夜起来写东西，习惯性地登陆了QQ。一排好友里大多数人的头像都是灰色的，唯独四妹的头像鲜活地亮着，看见我上线，她像逮到了老鼠的猫一样凑过来，给我发了张她拍的图片。“赶紧看看，好看不？”那还是一个木头的横截面，有些神似一只小麻雀，她用铅笔给稍微加工了下。“真的栩栩如生呢……”我不禁赞美了她几句。她在网络那边却也高兴得似乎手舞足蹈起来，连发了几个兴奋表情。

即使生活让人那么累，也不要忘记让一颗心变得轻松。一颗热爱生活的心，不见得非要在空闲时间里才有，在忙碌的工作中一样可以有。

03

四妹的精神状态，总是能让我想到静秋大夫。

那时我还小，静秋大夫在村子里开了个很小的诊所，也就是可以给病人打个吊瓶之类的，其他大一点的毛病，她都看不了。不过在那个偏僻的小村子里，她也算是一个小名人了。因为求她的人很多，而她总是有求必应，尽着自己的微薄之力。

静秋大夫总是微笑着的，从来没见她有耷拉脸的时候，不管如何忙累，她的笑容都是不败的。

那次，村里几个人得的都是一样的病，看着像感冒，却总是高烧不退。静秋大夫着急了，向城里的医院求助，城里的医生让我们几个病人赶紧去城里医治。

那时候，坐车是一件很奢侈的事，很多时候都是靠步行。静秋大夫毫不犹豫地就要领我们去。

小巧的静秋大夫在前面引领着庞大的队伍，不时讲上一两个冷笑话，以缓解人们的疲劳。

遇到小溪流，静秋大夫都会一跃而过，如果遇到稍微宽一些的小溪流，她就会来个助跑，然后轻盈地跨过去，长发在空中肆意舒展。她的快乐情绪感染着每一个人，使我们渐渐忘记了我们是一群要去就医的病人。

她的一个位高权重的老同学，说可以把她调到城里，她不去。她说这个村子虽然很破旧贫穷，却说不清楚为什么，有一种特别的吸引力，让她不想再走出去。就像村子里的麻雀，贪恋着村里的粮食，不肯飞走。

“挺好的，我很快乐。”她对她的老同学说，“就像一只麻雀那样快乐。”

麻雀不必飞得很高，一样怡然自得；叽叽喳喳，快乐得像狂欢曲里的音符。

只要花相似，
随意人不同

成长的过程是不断遗失的过程，

我们内心中总有很多东西会因为时光的流逝而消失。

但生活依然是仁慈的，

它留给我们值得珍藏的回忆。

01

我的一个朋友，因为性格上的原因，在不惑之年和妻子分道扬镳。离婚后，他一直没有再娶。我们以为他会过得很凄苦，殊不知再见面的时候，不仅没见他愁容满面，相反看到了他意气风发，人也发福了不少。问起缘由，他说，为什么要伤心呢，虽然两个人不在一起了，但那些过往都还在。用他的话说，他的回忆是个“大面包”，可以痛快地吃一辈子。

每次回到曾经与她一同去的地方，他也不曾悲伤。新年夜里，看着空中绽放的烟花，他想，虽然自己的夜空是寂寥的，但曾经那里也有过一模一样的似曾相识的灿烂烟花呢！

所有关于她的那些过往，都被他密封在一个叫“珍藏”的罐子里，历久弥香，酿成了回忆的佳酿。

而且，他很会开导自己，他对我们说，传说最早的人都是两个头、四个臂膀、四条腿，这样的人威力无比，连天神都害怕，所以决定把人都锯成两半。这样，人的威力就小了很多，再也威胁不到神的地位了。只是，这样便产生了所谓的“缘分”。

因为一个完整的人被活生生地分开了，难免互相思念，所以千方百计地要去寻找另一半。这就产生了爱情。

“那么，为什么有恋人的分手和夫妻的离婚呢？”他自问自答，“那是因为他们找得不够仔细，没有找到‘原装’的另一半。我不就是嘛，所以，没必要伤心难过啊。”

按照朋友的理论，我觉得失恋乃至离婚的人都没必要和自己、和另一半过不去，因为，你曾经遗失的或美好或忧伤的情感，都只是关于像你的另一半而已，但都不是真正的另一半。

时过境迁，物是人非，在他人眼中应该是无比凄凉的，心里仿佛生满了肆虐的野草。但换种思维，这又何尝不会是另一种心境：不以物喜，不以己悲。

成长的过程是不断遗失的过程，我们内心中总有很多东西会因为时光的流逝而消失。但生活依然是仁慈的，它留给我们值得珍藏的回忆。

时光中的小犬，露出洁白的牙齿，叼住与你有关的一截骨头，不肯松口。那一年，烟雨不散，制造着一场又一场缠绵。

某些似曾相识的画面一定会唤回你脑海中的某处记忆，一块一块，直到拼图变得完美无缺。公园中的滑梯，下过雨的马路，游乐场里的摩天轮，雪地里的脚印，还有咬过一口的雪糕和大大的棒棒糖，还有，还有……总有一个，是你曾拥有过的美好。这些虽不能触及却已永远成了你的回忆，是为纪念那些岁月、那段旅途、那首旋律的最好的证明。

人不同，亦不用悲伤，只要花相似。岁岁年年，守着曾经，一样可以把余下的日子装点得灿烂纷呈。

所以，当你的情感生活遭遇不测，大可不必如世界末日般惶惶不安。顺其自然，因为属于你的“原装”的另一半正行走在通往你的路上——请时刻准备好，把你的怀抱打开。

一念放下，刹那花开。

02

一个男孩和一个女孩，同时得了白血病。在医院治疗过程中，两个人相识并深深地爱上了对方。他们互相鼓劲儿，认为爱是可以治疗一切疾病的良药。他们在虚妄的美好愿望里，争分夺秒地相爱。

可是病情并没有因为他们的爱情而暂缓脚步，死亡的气息紧紧跟随。

两个人倒是很平静，男孩对女孩说：“有人说，人在死后三天内，灵魂会围绕着躯体不肯散去。那真是最痛苦的时刻。灵魂会想尽办法引起亲人们的注意，可是他做不到。灵魂想贴近他最爱的人，可是无法如愿。”

女孩对男孩说：“那么，如果我们谁先去了，另一个人就要在那三天内对先去的人不停地说话，他会听见的，因为他还有灵魂没有散去。”

男孩先离开了人世，女孩信守诺言，握着他的手，在他耳边不停地诉说，把他们的过往一段一段地念叨给他听。有轻风不停地触着她的额头，她认定那是他的灵魂，在和她吻别。

在随后的日子里，她并没有过多的悲伤，他和她迟早是要在天国相聚的。她用思念把那些爱的过往进行了还原，那是重新活过来的爱情，不会随着肉体的消失而熄灭。

思念，是爱的还魂丹。

对于诗人仓央嘉措来说，思念，是他的情诗中最美的意象。

“好多年了
你一直在我的伤口中幽居
我放下过天地
却从未放下过你”

“我用世间所有的路倒退
从哪儿来回到哪儿去，
正如月亮回到湖心
野鹤奔向闲云
我步入你”

抛除肉体的杂思，唯余灵魂的惦念，仓央嘉措，一念成佛。

杨绛先生在女儿与丈夫相继离世后，提笔著书《我们仨》，回忆一家三口那些快乐而艰难、爱与痛的日子，并着手整理钱锺书几麻袋天书般的手稿与中外文笔记，多达 7 万余页。她用这种方式表达思念，用思念的方式让爱永生。

《我们仨》中有个段落：

人间不会有单纯的快乐。快乐总夹带着烦恼和忧虑。人间也没有永远。我们一生坎坷，暮年才有了一个可以安顿的居处。但老病相催，我们在人生道路上已走到尽头了。一九九七年，阿瑗去世。一九九八年岁末，锺书去世。我三人就此失散了。就这么轻易失散了。“世间好物不坚牢，彩云易散琉璃脆”。现在只剩下了我一人。

剩她一个人，扛着爱的旗帜，继续奔忙。用思念，让爱永垂不朽。

如今，她也去了，他们仨终于在天堂相聚。

我爱上过一个与我对望一眼的女子，并且时时在心底把她念起。

一个在车窗这边，一个在车窗那边，两个人的对望，可以称得上是一眼千年。我念念不忘她那个回眸，哪怕一生都不会再次相逢，但那个人的影子活在我的心里，我思故我在。

那是一场压根就没有发生的爱情，既起端倪，却无以为继。但这丝毫不影响爱情在心底生根发芽。

当你想着一个人，吃饭、睡觉、站着、坐着、躺着……眼前随时都是他（她）的影子，那么他（她）便已经与你的灵魂领了结婚证了。

就算这个人已沉到很遥远的历史的海底，但我们一样，可以用思念把他（她）打捞出来。

加缪说：“一个人只要学会了回忆，就再不会孤独，哪怕只在世上生活一日，你也能毫无困难地凭回忆在囚牢中独处百年。”

思念，可以让一个人得以永生。我循着那思念的印记追去，所到之处，春暖花开。

喜欢就争取，得到就珍惜，

生活就是这样。

脚长在自己身上，往前走就对了，

直到向往的风景，变成走过的地方。

愿你，

带着好天气上路

一只瓢虫，背负星辰，

在人世间，偶尔飞翔，偶尔爬行。

我的后背无痣，但星辰在心。

我想学着它的样子，

飞不动的时候，就走；

走不动的时候，就飞。

01

鸣涛兄指给我看那些白日焰火的时候，我不以为然，那有什么好看的，在白昼的光里，一切都那么微不足道。他说，那就对了，这微弱的焰火，竟然敢于在白昼里和日光竞技，岂不是勇气可嘉吗？

“那也无异于蚍蜉撼树吧。”

“是有些不自量力的架势，但做着，总是聊胜于无。”

做着，便聊胜于无。这是令我猛醒的一句。鸣涛兄投资失败，从一个成功人士坠落为负债累累的打工人，按照他目前的收入，要还清全部的债务至少需要五百余年，换作别人，早跳了楼或者破罐子破摔，可是他没有逃避，日复一日地工作，精打细算，去除最低档的开销，每日里都可以偿还一点点债务。他在这个过程里，也在等待一个东山再起的机会。事实上，他真的等到了，尽管这听起来像电影里的故事。

按照他的说法就是愚公每日移掉大山的几千万分之一，却孜孜不倦地做着。虽然这是神话，我们也不奢望去感动上天，但至少可以让命运的轨迹发生一点点微妙的变化。

这样一点点微妙的变化，便足以给山穷水尽的人一个柳暗花明的路口。

02

瑞典导演罗伊·安德森的电影《你还活着》，看完令人回味无穷。瑞典小城，住着形形色色看似普通而又古怪的小城居民。有天天神经质般叫嚷“没有人理解自己”的胖大妈，有破坏别人宴席而被宣判坐电椅执行死刑的中年大叔，有一边做爱一边念叨银行基金赔钱的怪男人，有口不择言互相伤害的夫妇，有听了二十七年精神病人倾诉已经不堪重负的精神科医生，有一个随时都会解散的业余乐团，有敢于追求爱情哪怕只是梦境的女孩安娜……一段段看似毫无联系的生活片段，或荒诞滑稽或离经叛道，却共同讲述着人与人之间爱与被爱的幽默悲喜剧。

其中，有一个片段特别感人：一天黄昏，一个打扮成摇滚歌手模样的小伙子坐在窗口弹吉他，屋里卧室的床上坐着一个穿白色婚纱的姑娘。窗户外面挤满了人，有人敲窗户，小伙子站起来打开窗。“噢……”人群一阵低呼。后面有人喊：“新娘在哪儿呢？安娜在哪儿呢？”屋里新娘站起来，好奇地挤到窗前。“哇……”人群爆发出一阵欢呼。

这是女孩安娜的一个梦境，她到处寻找米可，期待与之重逢。于是她做了这样一个温馨而神奇的梦，穿上了白色的婚纱，在蜜月旅行，等候欢迎的人们献上祝福。即便是超现实的白日梦，那也是美好得让观众想齐声鼓掌叫好。

安德森在影片最后对于这个梦境的营造，是想告诉我们，即使眼前的生活再如何不堪，也请知足吧。毕竟，我们还可以有梦。

这白日里的梦，亦如白日焰火，有这个梦温暖着，总会抵御一些寒凉。

某一天，我又一次看到白日焰火。好像是某家饭店开张，热闹而喧嚣，可是却无人看得见烟花的美，那是隐于白日的绚烂。焰火的蓝错过了黑夜的背景，便不易被察觉出来，这多少令人感到可惜，就好比在错的时辰爱上了某人——没有天时和地利的爱，终是无法得到世人的祝福。暗自绽放，又暗自凋零，在时光里黯然失色。但做着，便聊胜于无。白日里，我们正大光明地把爱说出来，正大光明地行走，携带着毛茸茸的影子。阳光给了我们多么大的底气啊，它灌输给我们力量和钙，也灌输给我们公平和爱。没有暧昧，没有猫腻，阳光可以杀菌，藏污纳垢的地方也可以被清洗干净。我的白日，见证我的清白。我的焰火，见证我的执着。

03

小满，小得即满。这是一个节气，这一天，我看到所有人的嘴角上扬，他们小心翼翼地活着，但无一例外地带着小小的满足。

小满，每个人置身其中，又可置身事外，贪婪与满足，有时候，仅仅是一窗之隔。美食家蔡澜教人做五香花生时，这样强调过："记得只拿一小碟上桌，等客人吃不够再要时，再拿出一小碟……两碟为限度，不管客人如何再三要求，都不能心软。"小满小满，多少人口口声声说着小得即满，可在美食美色面前，还是不顾吃相地张开了饕餮巨口。

顾城说，钱或者权势不能改变一只小虫子前行的方向。一只小虫子，哪怕你把它放到金山上，它也还是向着自己的方向爬。这样看来，一只小虫子，反而比一些大人物更令人肃然起敬。比如七星瓢虫，有七颗痣，每一颗都可以许一个愿望。可是它却并不贪心，只许了三个愿望：墙有余温，寒冷不至；人生安稳，切莫翻车；窗子敞开，人间没有敌意。在夜里，它看到夜空的北斗就很满足，骄傲地想：天上，还有一个兄弟，在发光发亮。

一只瓢虫，背负星辰，在人世间，偶尔飞翔，偶尔爬行。我的后背无痣，但星辰在心。我想学着它的样子，飞不动的时候，就走；走不动的时候，就飞。

有专家说，能排除忧郁的九大食品，深海鱼排在第一位。深海鱼是昂贵的，富含欧米伽3脂肪酸，能让身体分泌出更多带来快乐情绪的血清素。能享受深海鱼的一定是成功人士，那么，普通人如果忧郁了怎么办呢？好在九大食品中，排在深海鱼之后的是香蕉、全麦面包、菠菜、大蒜，都是非常普通的食品，价格低廉，是人们都能够承受的。可见，即使我们不能经常享受深海鱼，也可以享有平价的替代物。香蕉具有丰富的色胺酸和维生素 B_6，帮助我们的大脑制造血清素；全麦面包含有大量碳水化合物而成为抗忧郁食物；菠菜的叶酸含量丰富……

向普通人关闭一条道，还有其他几条路敞开着，大自然对芸芸众生还是公平的，普度众生，并没有嫌贫爱富。香蕉是水果，菠菜是蔬菜，全麦面包是主食，面面俱到，而且分布均匀，虽然没有价格不菲的深海鱼，但排名第九的是鸡肉，弥补动物蛋白之缺憾。你看，生活不需要人参，不需要熊掌，不需要山珍海味，不需要奢侈，幸福的成本并不高，普通人也消费得起。

04

老朋友在小县城开了个小餐馆。周末我去帮了两天忙，如店小二一般唱菜名端盘子，并不觉得累，反而感觉挺美妙的。和这些食客们打交道也蛮好的，有时候客人少了，还可以坐下来陪一些喝点小酒爱说话的客人聊聊天，也能从他们那里获得一些写作灵感。来吃饭的各色人等，有开车途经这里的司机，有假期回家的学生，有大腹便便老板模样的商人，也有带着小孩子的年轻夫妇。每个人在这一天中或许有着截然不同的经历，但是只要走进餐馆，当他们安定坐下，慢慢用餐时都是一样的：

他们是平凡、知足且怀揣热爱的人，脸上写满了微小的爱、满足和幸福。

我建议朋友播放一些轻音乐，若有若无的，不影响食客谈话，又能渲染一下温馨的氛围。我感觉他们进入这个小餐馆，就像进了自己的家，脱下了遮挡的外套，脱下了成功或失败，脱下了光彩和不堪，将自己的心事放在一碟碟食物中，自我端详和享用，品味一段曼妙的时光。

看过一个搞笑的小视频，一只乌龟在跑步机上缓慢爬着，跑步机开始加速，小乌龟竟然跑了起来，四肢如飞！

许多人把乌龟当成励志的对象，的确，环境会改变一个人，当巨大的压力袭来的时候，人是会被激发出无限潜能的。可我的看法正相反，谁说非要跑起来才是成功呢？我认为乌龟一开始就选错了方向，如果它在跑步机没有加速的时候先调头，就可以顺势安然爬下跑步机。低处一样有着令人喜爱的花香。

所以，我也学着那只瓢虫，许下并不奢侈的愿望——

愿这尘世的水与火永不相遇；愿走出去多少双脚，就回来多少双脚；愿每一次出海的船都能避开风暴。愿你，带着好天气上路；愿爱，遇见美好；愿我们每一天，都能端起小小的碗，盛着小小的满足和小小的爱。

安静里
藏着岁月的山河

每个人，都可以像一棵树，

安安静静守着内心的小小疆土。

这份安静里，

有诗意和优雅，有生命的感悟，有心灵的感动，

有人与人的善意和信任，

暗香流淌，善意盈盈。

01

弦子，你是一首曼妙的歌。

这是毕业的时候，我在送给弦子的日记本上留下的话，在我心里，她一直都是一首歌。

她集聚了世上所有的美好，温暖而优雅，开朗乐观，引人向上。更重要的是，她还有一副好嗓子，声如天籁，不论是朗诵还是唱歌，都让人如醉如痴。

和她成为最要好的同学，三生有幸。

或许是太完美，引得上帝的嫉妒，上帝决定从她完美的构成里取走一样东西，选来选去，选走了她的嗓子。

因为患有喉疾，迫不得已她选择了手术，从此，她再也无法发出曼妙之音，取而代之的是有些怪异的、沙哑的声音。她的天籁之音，只能留存在我的记忆里。

多年之后同学聚会，她并不忌讳自己嗓子的问题，坚持为我们唱一首歌，《恋曲 1990》被她唱得千回百转，各种破音层出不穷，但我们却没有一个嘲笑的，我们含着眼泪听完，我们知道，我们的青春和她的天籁之音，都已经一去不返。

在这个过程里，我们没有一个人，发出一点点声响。我们安安静静地怀念我们的青春。

这份安安静静里，散发着一种香，那是对弦子，也是对我们自己最贴心的尊重。

作家刘心武讲过一件事，他七岁的时候和母亲去真武山游览，遇到一段非常险的山路，靠里是陡峭的山岩，靠外是极深的悬崖。小孩子淘气，似乎故意在母亲面前显示自己的勇敢，也尚不懂生命的珍贵，竟然连蹦带跳地一个人在前面“撒欢儿”，悬崖就在他这活泼生命的几寸之外。事后，回想起这段经历，刘心武特别讶异母亲当时的神态，当时的母亲没有呼喊，没有吼叫，只是抿着嘴，无比沉静地望着他。

后来母亲和他解释说，当时如果大声喊叫只会让他紧张，保不齐会出意外。更重要的是，一个生命一生会面对很多次危险，也往往会有故意临近危险也就是冒险的行动，让他享受一下冒险的乐趣也未尝不可。

母亲的安静里，藏着理智的爱。

02

晓彤是穷人家的孩子，每天中午，父母只给她两元的饭钱。孩子都喜欢买些零食的，她也不例外，大热天有时候贪嘴，买了一支冰激凌，剩下的钱就不够填饱肚子了。

不过最近几天，晓彤像发现了新大陆一样幸福着，因为有一家新开业的小饭馆，是一个残疾人开的，由于地理位置偏僻，环境也不算太好，卖的包子比别人家的都便宜。别人家最低都是五角钱一个，他家却是一元钱三个。这样，晓彤每天中午花一元钱就可以勉强吃饱肚子，那剩下的一元钱，就可以自由支配了。

有一次，她走进那个小饭馆的时候，就听到别的同学在背后嘀咕：那里的东西便宜是便宜，就是太脏了，只有穷鬼才去那里吃。她的脸就红到了脖子根。从此以后，她总要等同学们都走了之后，才偷偷地钻进那家小饭馆去买包子。

每天中午，她都是最后一个离开教室。老师就问她："不饿吗？怎么总是最后一个才去吃饭？"

她支吾着，不置可否。老师就看到了她小小的身影慢慢地朝那个很少有人光顾的破旧的小饭馆走去。

"晓彤，"老师喊住她，"替我买三个包子回来，我要一边批作业一边在教室里吃。"

晓彤惊讶地发现，老师递给她的是一元钱。一元钱三个包子，只有那家破旧的饭馆才有这个价位！她的脚步变得轻快起来。

多年以后，晓彤做了一名检察官，她在回忆这段往事的时候，深情地说，是老师不动声色的、安安静静的关爱，帮她找回了自尊。

03

周末，女儿和我讲起她在学校里的一些事，其中一件事让我很是感动。

在学校门口，一个中年男人卖的肉丸子很好吃，人也很好，同学们都管他叫“丸子大叔”。

丸子大叔憨憨的，说起话来总是轻声细气、好言好语的样子，一笑还有酒窝，很是淳朴，一看就是好人。

女儿出去吃饭常常都会买一份丸子。

丸子的价格是5块钱9个，这时候女儿就会说：“卖给我5块钱10个吧。”然后可怜巴巴地盯着丸子大叔。

大叔就会笑笑，然后拨10个丸子给女儿，女儿也会很开心地捧着丸子离开。

慢慢地，女儿和丸子大叔便变得熟悉起来。有时候和同学路过他摊子还要和他闲聊两句，新年的时候也会和他问声新年好！

而他每次都会给女儿和女儿的同学多拨一个丸子。

这学期初，女儿在丸子大叔的摊上买丸子，大叔便问女儿，可否帮他一个忙。

他媳妇也要在大学城摆摊子，可是做丸子的漏斗不够，他们又不会上网买东西，所以他想请女儿在网上帮他买两个做丸子的漏斗。

过了几天，女儿抱着漏斗去找他们。

丸子大叔没问女儿具体在哪个网上店铺买的，花了多少钱，只是问该给多少钱。女儿说了以后，他没有丝毫的怀疑，就把钱塞给女儿，还非给女儿挑了一大碗丸子，笑着说以后来他这儿买都给她挑丸子吃。

女儿说她过后还是挺震惊的，她很少这样去信任一个连名字都不知道的人；他们却也这样毫无保留地把自己的信任给予了她，也没想过她会不会去欺骗他们，每逢见到女儿也是满面的笑容，暖洋洋的。

后来女儿都不怎么敢去丸子大叔的小摊买丸子了，因为他和他媳妇只要一看见女儿，准会招呼她过去给她挑丸子吃。女儿说，人家是小本生意，总去，岂不是要害人家赔本。

现在虽然很少买丸子了，但是这位大叔安静温暖的笑容始终停留在女儿脑海里。“一笑起来，充满信任的淳朴样子，真好！”女儿由衷地说。

丸子大叔的安静里，藏着温暖的信任。如果心是一道上了锁的门，那么信任，就是开启它的钥匙。信任一个人，就是在托付一颗简单的心。

每个人，都可以像一棵树，安安静静守着内心的小小疆土。这份安静里，有诗意和优雅，有生命的感悟，有心灵的感动，有人与人的善意和信任，暗香流淌，善意盈盈。

智慧的人

是没有戾气的

当你踩到了紫罗兰的心，

它却把芳香留在你的脚上。

01

太阳已经升得老高了，这时一个人跑到雅典执行官伯里克利家里企图辱骂他。当时这个人非常生气，他一股脑儿地倒出了心里的怨恨，言辞非常恶劣，最后说得筋疲力尽才停下来。这时外面已经天黑，他转身准备回家，没想到这时伯里克利却叫来一个仆人，说："点盏灯来，帮这位先生回家。"

一盏宽容的灯，不仅照亮了别人，也使自己的世界更加广阔，无比浩瀚。

春秋时期的一天晚上，楚庄王携爱妃举办烛光晚宴，大宴群臣。酒至半酣，忽然一阵大风把蜡烛吹灭了。一名武将欲乘黑调戏楚庄王的爱妃，却被楚庄王的爱妃一把扯下盔上红缨。爱妃建议楚庄王即刻点灯，看看哪个家伙盔上红缨已失，再严加惩办。朋友妻不可欺呀，何况是大王之妻呢？岂料楚庄王却下令众将全都摘去盔上红缨，然后方可点灯。不久，楚庄王御驾亲征与敌国开战，被困重围，手下兵将四散奔逃，楚庄王命悬一发，忽然蹿出一将拼死力战，护楚庄王杀出重围，捡回一条性命。楚庄王激动地说："别人都自逃性命，唯有爱卿肯舍命救驾。你叫啥什么？担任何职？"该将答："我就是那日烛光晚宴上调戏您爱妃的人啊！"

一盏宽容的灯，掩护的是别人的尊严，拯救的是自己的生命。

2007年4月21日，33个纪念遇难者的花岗岩悼念碑按照椭圆形被安放在弗吉尼亚理工大学中央广场上。其中还包括凶手赵承熙的悼念碑。这是因为他虽然犯下残忍的罪行，但学校和社会却没能对精神有问题的他提供适当的治疗和心理咨询，对此感到遗憾，同时也是为了安慰他的家人。

在赵承熙的悼念碑上，和其他悼念碑一样，在剪成“VT（弗吉尼亚理工大学的缩写）”模样的桔黄色彩纸上写着“2007年4月16日赵承熙”。旁边放着玫瑰、百合、康乃馨等鲜花和紫色蜡烛。那烛光分外美丽，不停跳动着的火焰，仿佛是他正在忏悔的灵魂。

在这些鲜花中放着一张便笺。上面写着：“希望你知道我并没有太生你的气，不憎恨你。你没有得到任何帮助和安慰，对此我感到非常心痛。所有的爱都包含在这里。劳拉。”

一盏宽容的灯，可以照亮一些阴暗的角落，让爱少一些死角。

宽容，那是一盏多么深邃、多么明亮、多么永恒的灯盏啊！

02

我感恩我的初中英语老师董恩红，她也是我们的班主任。她从不歧视任何一个学生，对每个人都笑脸相迎，那种慈母般的笑容，总是会让她的课堂出奇地安静，大家都喜欢听她娓娓道来。这让其他学科的老师很是不解，他们不知道董老师用了什么魔法，可以让我们班几个在全校出了名的调皮捣蛋的家伙安心听课，包括我。

董老师把我从后进生的队伍里拉了出来！我真的想为班级，想为她做一些事情。我每天早早地来到教室，拖地、擦桌子、擦黑板，把一切弄得干干净净的，让老师和同学们一进教室就有一个好心情。正当我满怀兴奋期待老师和同学们赞美的时候，突然听到后桌两个女生叽叽喳喳的。大意我听明白了，那就是说我是个有心计的人，太善于表现自己了，这样讨好老师，指不定想得到什么好处呢！听到这些，我就像吃了苍蝇一样，又堵心又气愤，差一点儿就跳起来与她们理论。但我还是忍住了，一整天心里都不痛快。

收完作业，送到董老师办公室的时候，我心里憋闷，一言不发，脸色很难看。这和昨天爱说爱笑的我大相径庭。董老师问我怎么了，我支吾了半天，终于还是没忍住，便一五一十地和盘托出。

董老师说："做好事是让你自己心安，你只管去做好了，不要管别人怎么说。"

"可我心里就是不得劲儿。"我答道。

"你见过老鹰和麻雀吵架吗？"董老师问。我摇了摇头，不大明白董老师所言何意。董老师接着说："老鹰是高飞的鸟，它的志向是翱翔蓝天，而麻雀飞不高，只会聚在一起叽叽喳喳。所以，老鹰是没有时间和精力，也没有闲心去和麻雀吵架的。"我有些明白了，董老师是在通过告诉我老鹰和麻雀的不同，让我知道一个人应该专注于自己的事，不要为外物所扰。

心无扰，身便轻盈，便可高飞。

黄永玉在怀念表叔沈从文的文章中写过一件事，有一个年轻人时常在晚上大模大样地找沈从文聊天，他很放肆地躺在床上两手垫着脑袋，双脚不脱鞋高搁在床架上。沈从文欠着上身，坐在一把烂椅里对着他，两个人既聊文物考古，又谈改造思想，重复又重复，直至深夜。那年轻人走的时候，头也不回，扬长而去。对于这种没有礼貌的年轻人，黄永玉很生气，觉得应该好好教训他。但沈从文摆手轻轻对他说："他是来看我的，是真心来的。家教不好，心好！莫怪莫怪！"

这是何其宽阔的胸襟。

电影《除暴》里有一个片段：一个女孩想自杀，结果在那很高的楼顶犹豫了，她说："同一个地方从三楼看下去，满地都是垃圾，从三十楼往下看就很美。"这就是一个人的视野问题。有些事，看起来堵心堵肺的，但你换个角度重新看，没准就血脉通畅了。

登高才能望远，心怀远方，也才能走得更远。当你立志想做一个成功的人，就得习惯于别人的诽谤、诋毁，甚至人身攻击，当你登上山顶的时候，这一切就都成了风，成了草，与你相伴的，便只有那高洁的云了。

"夏虫不可语冰，井蛙不可语海"，登高山，始知山之巍峨，临大海，才识海之浩瀚。作为一只老鹰，你尽管高飞，高天之上，极目望去，那些麻雀连影都不见了。

纪伯伦说，一个伟大的人有两颗心：一颗心流血，一颗心宽容。人与人的纠葛，物与物的碰撞，突如其来的意外变故，这一切都使社会显得那么狭小，生活变得那么拥挤，每个人都会在着急赶路的时候不可避免地制造一些伤害，不是碰伤自己就是割伤别人，这个时候，就需要我们宽容生活，宽容会让我们的心开出无比美丽的花朵。

当你踩到了紫罗兰的心，它却把芳香留在你的脚上，这是紫罗兰的宽容。宽容生活，实质是为了更好地生活。我们以善意的、客观的态度理解着生活的一切内涵，我们也就发现了生活为我们展示的所有良好机遇。给心一份轻松，自由去做我们该做的一切；给生活一个广阔的空间，使生活在我们的创造下变得更加美好。

所以，若要活出人生的精彩，品悟人生的美好，请时刻以善良为圆心，宽容为半径，它们会为你画出一个圆满的人生。

当你不相信
世上有爱情的时候

老头儿赶着毛驴车走了。

我的眼前浮现出这样一幅美丽的画面：

他的老伴已经给他做好了饭，

正拄着拐杖，像少女等待情人一样地等待着他……

01

那年的冬天很冷，没有一只鸟在我的眼底飞过。爱情销声匿迹，没留下脚印让我去寻找。我整天蜷缩在自己的屋里，望窗外昏暗的天空与冷冷的红尘。我不愿冬眠，我还必须在这个冬天里活着。我想给自己创造温暖的日子，那么，首先必须有足够的柴火。

卖柴火的是个年近古稀的老人，干瘦干瘦的，很有精神，只是稍微有些驼背，他几乎天天都从我的门口经过，赶着那头和他一样干瘦的小毛驴。这一天，我叫住他，问他的柴火是怎么卖的。

“50块钱一车，便宜卖了。天太冷，早卖了早回家。”他说。

“40块怎么样？”我跟他砍价。

“这是俺花了35块钱从20里外的木柴厂买的，您再给添点儿，怎么也得让俺挣点儿，行不？”老人憨厚地笑了笑。

我打定主意，多一分也不给。因为我根本就不相信他说的话，我觉得这柴火，他少说也能挣上二三十块。足足磨了他半个多钟头，最后老人终于如我所愿。

02

有了柴火，屋子里渐渐有了些生活的气息，我也渐渐开始适应没有爱情的日子。

一天，邀了几个和我同病相怜的单身汉相聚喝酒，喝到高潮时，难兄难弟们纷纷议论起爱情，大都与我的观点一致，认为世界上根本没有真爱，爱情不过是一场游戏或交易；至于罗密欧与朱丽叶、梁山伯与祝英台，那只是人们一种美好的向往而已。只有林阳与我的看法相悖，为了证实自己的观点，他还特意举了一个实例。

“有个老人无儿无女，天天来我们木材厂拉柴火卖。我们同情他，只卖给他 35 块钱一车，你们知道他每天挣来的钱都用来干什么吗？”林阳说到这里停顿了一下，然后严肃地说，“除了买吃穿用的，剩下的全买了药！他老伴在病床上整整躺了 40 年！”

林阳说，老人年轻的时候是地主家的长工，却偏偏与地主的女儿相爱了。他们一起逃脱了家庭的羁绊，在一个偏僻的山沟里生活，彼此都刻骨铭心地爱着。婚后的第二年，妻子怀孕难产，孩子没了，大人也因为大出血导致下半身瘫痪。在残酷的命运面前，他首先想到的是给妻子治病。他拼命地挣钱，然后用这些钱给妻子买药，带妻子上大医院治疗，可结果总令人失望。医生曾经跟他说：“这个病几乎是无法医治的，除非能够创造奇迹。”他却一直坚信这个世界会有奇迹发生。

他继续拼命地挣钱，下矿，钻砖窑，开荒种地……几乎所有的体力活都干过。他始终怀着一个希望拼命地努力，好像他生命中全部的动力都源于这个希望。

有人去劝他，别再浪费钱财和精力了，好好攒点钱过完下半辈子吧。妻子也常常哭着闹着，让他不要管她，甚至还偷偷地自杀过几次，都碰巧被他救了过来。他自信地对妻子说："看吧，老天爷都不准你死哩，你一定会好好地站起来的！"

妻子便不再去想死了，也开始怀着同样的希望活着。她希望自己能够站起来，哪怕只有一次，只为了给自己心爱的丈夫做上一顿饭。

就这样挨过了40多年，他们越来越老了，那个希望越来越渺茫，但它依然在他的心中亮着，尽管那么微弱，却时时刻刻引他前行。

现在他再也干不动那些体力活了。每到冬季，他只好每天赶着小毛驴车，到20里以外的木材厂去拉些柴火，然后在冰天雪地里沿街叫卖……

"他老伴的病好了吗？"我们几乎异口同声地问。

"这个问题还重要吗？我只是想问，这种爱情还能说是游戏或者交易吗？"林阳情绪非常激动。

这个故事让我们感到自身的卑微和渺小。我忽然想到那天买柴火的事。想到老人最后只能挣上5元钱，我心里仿佛被刺扎了一下，很疼，便一直想找个机会好好补偿一下。

那天下班回来，我终于看见了他。风凛冽异常，他站在桥下，双手操袖，两只脚不停地跺着。天色已经很晚了，可这车柴火还没有卖出去。

“80块怎么样？我买了。”还没有问价我就已经起价了。

老头儿张大了嘴巴，想说什么又咽了下去。他把车赶到我的家门口，看到院子里已经有一大堆柴火了。

“怎么买这么多柴火？”老头儿问我。

“天太冷，多烧点儿暖和。”我随口应了一句。

把钱交给了老头儿，老头儿喜滋滋地接过，却又很仔细地数出三张“大团结”退给我。“50块就够了。”他憨厚地笑着。

我顺口问了一句：“你的老伴怎么样了？”他有些兴奋地说：“已经能勉强下地走走了。”

我想这是上天也被感动了吧。看着老头儿眼里燃烧的一团火，我一下子暖和了许多。

很久没有这么暖和了，真的。

老人赶着毛驴车走了。看着他渐渐远去的身影，我的眼前浮现出这样一幅美丽的画面：他的老伴已经给他做好了饭，正拄着拐杖，像少女等待情人一样地等待着他……

真正优雅的心
是抗皱的

说白了，

灯红酒绿不见得快乐，

粗茶淡饭不见得悲苦，

有一颗抗击打的、耐皱的心，

才能在生活的每一个早晨，

煲出一锅热气腾腾的好粥来。

01

邻居玲子性子泼辣，作风彪悍，长得也是粗线条，女汉子味道十足。她的声音烟熏火燎的，她的话也仿佛都沾着锅底灰。炒个菜她看着像是在跟一头野猪搏斗似的，脾气比急性肠胃炎等坑位的时候还暴躁。她对所经历的一切都是囫囵吞枣，上床头沾到枕头，身体就飞快忘记了大脑，急迫地睡去。

人们对她没有别的印象，只有她萦绕不绝于耳的爽朗的大笑，让人时刻担心着墙皮脱落。

她是个有故事的人，而有故事的人，我都会称之为美人。

从她出生那天起，命运就开始一波三折。母亲因为她难产而死，父亲在四年后给她找了个后妈。最开始后妈对她还不错，只是在给她生了个同父异母的弟弟之后，她便不再受待见，小小年纪就要做家务，上学没多久便辍学，17 岁就被安排相亲嫁了人。

她先后嫁了三个男人，无一例外这三个男人最后都弃她而去，理由不尽相同。她很是看得开，自己带着俩孩子照样把日子过得跟开水似的，热气腾腾。

有热心人给她介绍对象，她照看不误，年过四十的女人，对爱情向往如初。这一次这个男人还算靠谱，老实巴交的，给人一种很踏实的感觉。他也不嫌弃她带着俩孩子，俩人很快就在一起搭伙过起了日子。

爱情的滋养让她的双颊红润，泼辣的作风收敛了不少，举手投足间多了一丝温柔的气息。当然，亘古不变的是那爽朗的大笑。

俩人过了好多年，竟然没吵过架。老男人还挺浪漫，在小区里，经常可以看到他手里拿着一枝玫瑰，而且更有趣的是，常常是他左手拎着一大兜蔬菜和水果，另一只手攥着一枝玫瑰。

比如今天，他手上的东西更丰富，一口普通的炒锅，还有几样蔬菜、一斤馒头和一条刚刚宰杀的鲜鱼。当然少不了玫瑰。玫瑰只有一枝，用粉红色的塑料纸包着，外面还系了一条深红色的丝带，价格很便宜，只有两元钱。

他就那样一手拎着炒锅和菜，一手拿着玫瑰，从超市步行回家。他的浪漫只给太太一个人。

这份浪漫，让他的心平展如毯，没有一丝褶皱。

玲子爽朗的大笑从没有间断过，那笑声里不再有那么多锅底料的味道，而是多了一丝豁达和满足。

如果让她选择，她或许不要那么多故事，只做一个简简单单的女人，宠着自己简简单单的幸福就好。

02

出门旅行的时候，购物是妻子的必备项目。妻子的行李箱装得很满，几乎没有任何缝隙，可是她仍旧抵不过那件丝绸旗袍的诱惑，毅然买下它。那是她买的所有衣服中最贵的一件，她却把她放到了行李箱的最下面。我说："嘿！你就不怕这件最贵的衣服被压成地摊货吗？"她说："你不知道，这件衣服好就好在她耐皱，不管怎样压，也不会出皱。"

到了家，妻子从行李箱里把它拿出来，使劲儿抖了抖，果然，一点儿褶皱都没有。妻子懂它，它也似乎懂妻子，妻子和它有着惺惺相惜的心。

真正优雅的心是抗皱的！

就像玲子，她不愿意用书籍、瑜伽、音乐、电影、中药、红酒、茶艺和佛珠包装自己，也不要求世界赐予过多，她只要自然的一切。世界给她什么，她便接受什么，如此而已。

她的心，因此没有一丝褶皱。

03

我的小区有一家不大的小卖部，每天顾客很多。店主有个习惯，就是找给顾客的零钱总是崭新的，哪怕一元钱的纸币也没有半点皱痕。为此，他每天都要去银行一趟，就为了换新钱。家人不理解，何必多此一举呢？他说，他只想给顾客一个干净的心情。

其实，他刚刚经历了女友移情别恋的苦痛。他通过这样一个举动，时时刻刻提醒自己，给自己再一次干净明媚的开始。

他把回忆啃掉了半边。如果回忆是一棵树，花啊，果啊，他都能摘了去，可是伤痛是根深蒂固的，他总是无法连根拔除。尽管他一再地安慰自己——这个世界，爱和恨的总量是不变的。少了一个不喜欢你的，就会多一个喜欢你的。

我们无法把回忆隔开，就像无法隔开任意一个节气，无论清明谷雨还是大寒小寒，有必然的流逝，也有必然的来临，如此，江湖再见，只需点点头，省略所有的往事。

省略你放在我心头的花香和鸟鸣，美梦和潮汐。

真正优雅的心是抗皱的！

就像那个小卖部的店主，每天都执意去银行换新钱，只为能找给顾客平平整整的新钞，让每个顾客都能因此开启清爽的一天。

他的心，因此没有一丝懒散。

说白了，灯红酒绿不见得快乐，粗茶淡饭不见得悲苦，有颗抗击打的、耐皱的心，才能在生活的每一个早晨，煲出一锅热气腾腾的好粥来。

所谓善良
就是让彼此舒服

富贵的人，

心上若生了善良，

那颗心就想去亲近泥土，

自然就会往低处来。

贫穷的人，

心上若有了爱，

那颗心就会向着阳光生长，

自然就奔着高处去。

01

这些年，妻子一直坚持助学，可是我发现，她喜欢“收礼”。总是很欣然地接受那些被帮助的孩子时不时送来的一些小东西，有时是一副手工编织的线手套，有时是一些新鲜的蔬菜瓜果。

对于我的不解，妻子解释说，她这样做完全是从那些孩子和他们的家长角度去考虑的，因为只有接受了那些礼物，那些被帮助的孩子和家长才会不觉得有那么多的亏欠。妻子说自己就是被人一路帮助上了高中读了大学才有今天的，毕业后多次去寻找那位爱心人士，想表达一下谢意，可是直到今天，也不知道那个帮助自己的人是什么样子，这让妻子在心里一直有种背债的感觉，甚至觉得自己一直比别人低矮。妻子说：“拒绝回报也是一种伤害，给人一个说声谢谢的机会也是善良。”

妻子好客，几乎每到周末都会请朋友们来吃饭。朋友们每次来也都不空手，有带啤酒的，有拿水果的，还有带着自己酱好的熟食的。家里条件好的，妻子倒不放在心上，家里条件不好的，妻子就有些过意不去，再三嘱咐不许带东西过来。

又到了周末，妻子一如既往地张罗着饭局。一边忙活着摘菜，一边给朋友们打电话。在给老王打电话的时候，妻子竟然向人家索要起东西来：“听说你们矿上的面包好吃，你来的时候给我捎两个，我尝尝。”我听到电话那头欢快地应着。

我不禁埋怨起妻子来："你让人家来吃饭，怎么还主动管人要东西啊？"

妻子说："老王是好面子的人，每次来都不空手，他条件不好，家里老人还生了病。我就是怕他买东西来，才让他给我带两个面包的。最起码，矿上的面包不用他自己花钱。"

我这才理解了妻子的良苦用心。她是在人心与人心之间，找一个平衡的点。

02

大街上，一个穿着貂皮大衣的女人和一个穿着破羊皮袄的男人擦肩而过，男人看了一眼这个高贵的女人，迅速低下头去，匆匆而过。女人呢，也看了一眼这个卑微的男人，然后把头抬得更高了。

他们都感觉到了不平等，差距万千。一颗心在沟壑里，一颗心在云层上。

一个老人在他们擦身而过的当口，重重地摔倒在地，他和她几乎同时回过头来，并毫不犹豫地奔过来。老人昏迷不醒，男人进行着一些简单的急救措施，而女人则是快速拨通了 120 急救电话。救护车很快到了，老人被送往医院。

他看她，没有再低下头。她看他，没有再高昂头。彼此微笑着，两颗心不再高低不平，那一刻，两颗心是平等的。

有时我在想，是什么造成了人心与人心之间的不平等，有了上下尊卑，有了云泥之别，表面上看，是社会地位，是金钱名望的区别。富贵往往可以把一颗心抬得很高，高不可攀。同样，贫穷往往也可以把一颗心拽得很低，低到尘埃。

可是当一颗心有了善意，就一切都不同了。富贵的人，心上若生了善良，那颗心就想去亲近泥土，自然就会往低处来。贫穷的人，心上若有了爱，那颗心就会向着阳光生长，自然就奔着高处去。就在这途中，人心和人心相遇了，在一个平等的地方，握手寒暄，仿佛他乡遇了故知。

所以，只要怀揣着善良，不管那份善良是大是小，它都是人心和人心之间的等号，一座可以走近彼此的桥。

03

女儿在班级里很有亲和力，人缘极好。这不，在她过生日的时候，一下子飞来了一大帮叽叽喳喳的同学，一屋子的麻雀顿时炸开了锅。我这个当老爸的只好亲自下厨，为他们张罗丰盛的生日晚宴。做完饭，还得和她妈妈装作有事情要出门，免得他们拘束。妻子皱着眉头：“指不定他们会把家造成什么样呢？”我搂过妻子的肩：“没事，回家我收拾。就当是闹了一次‘蝗灾’，让她们狂欢去吧！”

我们在深秋的凉风里瑟缩着发抖，像两只被小麻雀们占了窝，无家可归的“老家雀儿”一样。可怜天下父母心，我们这样，只是想给她们多一点儿玩的空间。

终于等来了女儿的“圣旨”：“老爸老妈，可以回家啦！”

放下电话，我和妻子一溜烟儿往家跑。内心充满了感激：这帮小祖宗们，总算没有折腾到天亮！

回到家的时候，看见女儿正在整理同学们带来的一大堆礼物。“哈，又是七仔，我都有 5 个了。”女儿调皮地蹙着眉头，“不过也好，我可以办个七仔之家了。”每打开一个礼物，女儿都要进行一番评价。我想帮她拆，她不让，她说她要自己慢慢地将它们一一打开。

我知道，女儿是在享受慢慢打开每一件礼物时的快乐。

每件礼物在女儿眼里都是珍贵的。“这个包装这么差，肯定不会是啥好东西。”我故意嘟囔着，随手把一个包装很差的礼物扔到了一边。

“别这么说。”女儿把那个礼物捡了起来，小心翼翼地打开它。

"哇！"她惊叫着，"多好看的娃娃笔啊。"我清清楚楚地知道，那种碳素笔一元钱一支，在小卖店里到处都是，根本不至于让女儿惊叹，可是她却惊叹了，而且尾音还很长。

那支笔上夹着一张纸条，上面写着：愿你用这支笔，描绘美丽的人生。哦，多么美好的祝福。女儿把那张纸条连同那支笔小心翼翼地放到自己的收藏"百宝箱"里，又为自己积攒了一笔财富。

那些礼物，女儿都是怀着真诚的心打开的，又是怀着感激的心收藏的，她懂得，每个礼物上面都有别人许下的祝愿，即便是一片羽毛，也因此变得珍贵。

那是别人送给她的一颗心。

看着女儿满足的笑容，我知道了每颗心都是上帝送给人世的礼物。即使你不喜欢，你也要温柔地将那些祝福的花瓣打开。

女儿捧着她的"百宝箱"，迟迟不肯睡觉。我和妻子开玩笑说："你看，女儿小小的年纪，便已是一个富翁了。"

她积攒了那么多的宝藏！

生命活到了极致，
一定是简与静！
美到极致，
一定是素与雅！
稍纵即逝的是天上的烟花，
细水长流的是人间烟火，
人生最重要的是

平静！

慢速生活里的味道

不要惊动一只小翠鸟，

这份宁静的小小的幸福和快乐，

是多久都不曾到来的啊！

它和一个人奋斗多年积累起来的财富比起来，

一点都不逊色。

01

买车的冲动，是开朋友的车跑了一次高速路后有的。油门轻轻一点，车就撒开了欢，再踩，就如箭一般飞去了。那种速度带来的快感，真叫人想呐喊。

也许，速度这东西，也像香烟美酒爱情一样，是会让人上瘾的吧。在有山有海的路上飙车，开着车窗，风声呼啸，你追我赶，感觉身体就在高潮处，一浪高过一浪。

上周出差回来，有车的朋友个个有事，我准备自己拿着行李去坐机场巴士了，爸爸打来电话说，他那老战友李伯伯送机正要返回，就请他顺路带我一趟。坐上李伯伯的黑色“奔驰 600”，不能不让人对它即将带来的速度抱有极大的希望。可是，我斜眼瞄着仪表盘，那指针静静地定在时速 120 公里处，似乎再也没有攀升的欲望。我看看神清气定的李伯伯，又看看从左边超车道上一辆辆飞驰而过、神气活现的大小车辆，半天，终于忍不住问道：“您就打算用这个速度开回家？”他没有看我，问：“怎么了？这不是高速公路的限速吗？你平时跑多少？”我差点没笑出声来：“谁上了高速会按限速跑呀，那还不急死了？起码 150 吧，我有几个朋友不上 180 都觉得没意思。”

李伯伯摇摇头，并没有理会我，只是讲了一个故事：一群美国科考人员在美洲原始森林里进行科考时，找了一个当地的向导带路，向导带领他们每狂奔两天后就停下来休息半天，气喘吁吁的科考队员十分不解，疑惑地跟向导问原因。

“你猜向导怎么说的？”李伯伯问我。我摇摇头。李伯伯告诉我，那个向导说，他要让自己的灵魂追赶上他疲惫的躯体。

李伯伯接着说：“你们年轻人，太过于追求速度带来的快乐了。你想想，每小时180公里，每秒已飞出50米，一旦出问题任何司机都无力应付——不管你的车多高级，不管你技术多娴熟，也不管你身体多结实、多年轻。灾难降临，那是无法预知也无法防备的。刚学会开车的时候，以飞奔为乐；刚学会走路的时候，以踉踉跄跄地摔跟头为乐；初为人师的时候，以语速快贯口多为乐；刚参加工作的时候，以快速响应听领导的话为乐！如今，快速地老了，一切都慢下来了，发现慢下来的风景真的很好。平时我能不开车是绝对不开的，慢慢走走，散散步，感觉到时间的存在，心里舒服。”

是啊，想想自己生活的姿态，的确如此。早上为了多睡一小会儿，起床刷牙不得不快一点；下班出电梯时总是快快地冲到大门口，只为了能够在等公交的队伍中排得靠前点；吃饭时，赴约时，健身时，似乎每个场景我都在为赶一会儿时间而变得行色匆匆。

这个超速的时代，我们的灵魂已无法驾驭快速奔跑的躯体和快速成长起来的聪明。

大自然原本就有一种节奏，日夜轮替，四季交换。我们应该学会去配合大自然的节奏，张弛有度，掌握生命应有的旋律。就像把一首音乐的播放速度调快，就会立刻变成一团可笑的噪声一样。

偶尔在晚报上的头版看到了“慢一族”的大标题，写的是时下悄然兴起的“慢生活”一族。比如，以煲汤为代表的慢饮食，用出差来调节节奏的慢作息，适当取舍而获得的慢心情，等等。想想这真是一种好心态，用“慢生活”可以品尝到生活里那些细微的乐趣。

当我开着自己的车子，每当想要超速，就会想起李伯伯讲的那个故事，速度不自觉地就跟着慢了下来。看着前方漆黑的贴着反光标志的梦幻般的路面，突然记起昆德拉在《慢》里说过：速度是出神的形式，人进入这种状态就忘记了年纪，忘记了老婆，忘记了孩子，忘记了忧愁，因此什么都不害怕。

因为未来是害怕的根源，谁不顾未来，谁就天不怕地不怕。是呀，当我们用高速度飞驰在高速路上时，寻求着那种短暂的不顾一切的快乐，对于也许充满危险的下一秒，我们从未考虑过。我们只是不断享受着一个个高速度的瞬间，心里却从来没有过畏惧。

02

从前有什么？健忘的你大概记不得那么多，但是有一样东西，你一定记得——慢。

那时，我们写信。邮递员骑的车子很慢，我们的字写得也很慢，总是不满意某种表达，写了撕，撕了再写，说过的一点点儿热辣的话，紧赶慢赶，也要几天时间。爱情，是要缓慢进行的。

那是我们怀念的从前。孵小鸡要用二十多个昼夜，更别说成长了。

蔬菜要登上餐桌，须经过阳光的恩准。开花几天，结果几天，收获几天，都是有自己的规律的，不像现在，家畜们可以短时间内就变肥，蔬菜们可以一夜之间就变大。

从前，去看女友，赶不上车，就步行，就着月色，走上个大半夜，将近凌晨的时候，见到了女友，她的惊喜比天还大——难不成是神兵天降吗！

多远的路都挡不住思念的脚步，在爱里，我不做奔跑的犀牛，我只做笨拙的蜗牛，路远，我就一直爬。

从前很少看见汽车，也没坐过飞机，没有手机和互联网，不会有淘宝体的问询：“亲，今天还好吗？”也不会有甄嬛体的答复：“小主今日心情极好。”不管电视剧里怎样把穿越剧演得神乎其神，都没怎么感动过我，其实，人世间最美的穿越，是从一颗心到另一颗心。

那是最优雅的缓慢，我一直坚信，蜗牛可以到达的地方，月光宝盒不一定可以抵达。

“齐纳蒂”，你们有没有听过这个名字？所有人都以为这是一个老外，是个歌星或者球星吧。其实，那只是拼音输入法惹的祸，我不过是要打“亲爱的”而已，只不过速度太快，变成了齐纳蒂。

03

木心说，从前的锁好看，钥匙精美有样子，你锁了，人家就懂了。

并不是说从前的月色里就没有小偷，实在是从前的月色里，养了更多的君子。

我们在从前的月色里缓慢地成长，甚至，一朵花开的瞬间，我们都看得清，一棵树鼓胀出的一粒米大小的芽胞儿都能看得清，看一尾鱼怎样从鱼缸的左边游到右边，再从右边游到左边。

爱人在一封信的结尾对我说：三匹马拉的车子停在你的门前，上面装满你要的诗歌。

那是多么宏大而优雅的场景，此生莫说拥有一次，仅想象一次，也是奢侈的幸福。

掬一捧从前的月色，洗把脸，漱漱口，过去的岁月便在眼前飘来飘去。想起一段浪漫的故事，美好得让我感动，想起了一个深爱的人，如今不知身在何方，心便有点微微的疼。为什么在月色里，人们总是容易回到从前？

这几年，我的思维出现了问题，分辨不清今生要去的方向，一团乱麻似的生活越缠越大。生命就像一场终有尽头的奔跑。有时候你不停地跑，不断地跑，却不知道为什么跑，跑向哪里，哪里是终点。此刻才恍悟，所有的奔跑都是为了更优雅地停下来。就像跳远一样，发力、助跑，只为了最后在半空中划过一道美丽的弧线。

现在，我终于把快递包里的生活轻轻放下，一门心思享受着这月色的苍茫。

多好啊！灵魂在微微地歇息，在潮湿的空气里慢慢散步。它神秘地穿行在人群中，不说话，也不呼吸。它也可以随意变形，变成一朵花、一缕风或一团雾。

停下来，月色正美！

如果苦痛是衣衫，
那么就当作内衣去穿

如果苦痛是衣衫，

那么就当作内衣去穿，

不为人知的酸楚，

她一个人独品。

我问她是否怨恨她的父亲，

她说，何必呢，

怨恨只会让自己更冷。

01

在网络上我认识了一个女孩，她爱笑、爱旅行、爱摄影，经营着自己的小店铺，过着自己的小日子，芬芳四溢。

可是我看到的只是她在朋友圈里的令人羡慕的生活。后来才知道她父母早早离异，她和母亲相依为命，母亲后来去世了，父亲有了自己的新家庭，她便开始一个人生活。

如果苦痛是衣衫，那么就当作内衣去穿，不为人知的酸楚，她一个人独品。我问她是否怨恨她的父亲，她说，何必呢，怨恨只会让自己更冷。

一个患了重病的小男孩，家人无钱医治，含泪办理出院。主治医生百般纠结，最后决定让他家和医院签订一份长达30年的还款协议，每月还200元。孩子的命保住了。小男孩出院后，靠卖晚报挣些小钱帮着父母还款，每天都会抽空跑去医院，去主治医生的办公室扔下一份当天的晚报，转身就跑。

他用自己微不足道的举动，报答着医生的救命之恩。由爱产生的暖流，在医院的走廊里盘旋往复。

电影《永恒记忆》真实记录了瑞典第一位摄影家的故事。20世纪初的瑞典社会动荡，物质与精神生活双双匮乏。玛拉·拉森是一名家庭主妇，操持着不富裕的家，一天她在去照相馆变卖一部买奖券中奖得到的相机时，遇到了生命中另一个重要的男人——照相馆的老板佩德森。在佩德森的劝说下，她尝试着拿起相机拍摄，从此，通过镜头，她进入到另一个世界。

与男人们通过暴力对现实表达不满不同，这个经受了太多家庭暴力和屈辱的女人，用镜头去寻得心灵的另一份宁静，并改变了自己人生的轨迹。自从拿起了相机，她突然发现她可以控制镜头朝向何方，控制审视生活的距离，控制镜头涵盖的人群，她突然发现生活原来是可控的。从此，她的精神世界改变了，她快乐地生活。慢慢地，社区里更多的人请她摄影更加深了她的这份自信，她的社交圈子被打开，她也充满了更多的自主性，虽然小小的镜头让她面对的依然是这个保守的城镇，是大男子主义控制下的家庭，但是又让她得以超脱这一切。

老绅士佩德森出场不多，但他在玛拉·拉森几次绝望时给予她一种恰到好处的救赎："人打开了一条通道，是无力回头的。那是个值得你记录的世界，它是永恒的。"佩德森甘愿做玛拉·拉森的模特，和他家里忠实的老狗一起。他鼓励玛拉·拉森："你拍得真好，我和我的狗越来越像了。"

慷慨、热心、温和、宽容……这些人性之爱，正通过玛拉·拉森的镜头，淋漓尽致地涌现出来，流进许多人的心田。

02

那是一个让很多人羡慕不已的家庭：男人事业有成，一路顺风顺水，一直做到了一家大公司副总的位置；女人秀外慧中，甘愿放弃高薪工作，回家做贤妻良母，把生活打理得井井有条，有滋有味。夫妻恩爱，儿子在美国留学，一家人其乐融融。

但一次意外的车祸将男人从女人身边带走，在这个幸福的家庭，曾经的欢声笑语顷刻间了无踪影，剩下的，只有死一般的沉寂。

儿子一个月后从亲戚口中惊闻噩耗，悲痛过后，他最先想到的是自己的母亲。他清楚地知道，父亲的离去，意味着母亲的心被抽干，失去了阳光和快乐。他决定马上回去看望母亲。

母亲一下子就衰老了，整个人脱了形。儿子拥抱着母亲，陪她落泪，旋即很男人地拍着她的肩膀说："天还没黑，你还有我。"

儿子在家里住了一个星期，把所有的窗帘、床单都换成了鲜艳的颜色，还从花店买了几盆正在盛开着的鲜花，他想以此冲淡母亲的悲伤。

她明白儿子的良苦用心，没有阻拦他，任他不停地折腾。只是偶尔催促他，别耽误了学业，早点回洛杉矶去。他一边忙活一边胡乱地应允着，告诉母亲，每天都别忘了开窗子，他只是想把阳光铺进母亲的心里去。

临走的时候，他指着墙上那个已被他换成粉色的相框里的遗像，对她说："他并没有离开我们，不是吗？"她微微地笑了，说："妈没事，你放心吧。"他顽皮地伸出小指来，和她拉钩，让她答应他，再回来的时候一定要胖起来。

"妈，有你在，这里依旧是天堂。"他指着自己的心说。她也对他说："儿子，有你在，妈的心也是天堂。"

她听了儿子的话，每天起来的第一件事就是把窗子打开，让阳光照进来。让她奇怪的是，再看到粉色像框里的男人，她的心不再那样疼，相反有了一种很温暖的感觉。她会像他在时一样，一边织着毛衣一边把电视音量调得很大，害得隔壁邻居一个劲儿敲墙，以示抗议。这个时候，她总是一伸舌头，很不情愿地把音量缩了几个格。

儿子打电话来，聊着聊着就聊起了他爸在的那些日子，不免让她又有了些愁绪。儿子神秘地说："嘘！别打扰他。"

两个人在电话的两端就咯咯地笑起来。听到母亲的笑声，他的心总算踏实些了。其实他自己的心又何尝不在滴血，尤其是在夜里，对父亲的思念就像是刀子在刻着他的心。但他是男人，他不能被苦痛压垮，他要让母亲的世界阳光普照。

但父亲的影子毕竟是割舍不去的，打电话的时候，难免有说漏嘴的时候，聊着聊着就忘了父亲的离去，随口问了句“我爸干吗呢”，说完就知道自己说走了嘴，刹那间的沉默，暗含忧伤。谁知，母亲在电话那头学着他的腔调欢快地说：“嘘！别打扰他，他正和神仙下棋呢。就他那臭棋篓子，咱娘俩他都下不过，咱可得让他专心下，不然要给咱娘俩丢脸。”他们彼此心领神会，彼此在电话的两端笑靥如花。

那个时候，不论是北京，还是洛杉矶，阳光都灿烂得让人不得不眯起眼睛。

只有接受阳光，你才能忘掉过去的阴霾。阳光不仅可以把一颗心从泥沼里打捞出来，而且还会为它装上琴弦，弹出美妙的乐曲。

鲜活的生命
都是有共情的

"对爱情的渴望，

对知识的追求，

对人类苦难不可遏制的同情，

是支配我一生的单纯而强烈的三种感情。"

01

我有一个表哥，曾经是他们村里的首富，后来却因投资失误，在年过五十的时候落得个外债累累。

他是一个好人，不论谁有了难，找到他，他定会施以援手。这么多年，光是给别人的钱就不计其数。表哥对妻子也是宠爱有加，他对妻子的好，十里八乡的人都知道。这种好，还不只是单纯的宠溺，更重要的是，他始终保持着浪漫的爱，哪怕出门两三天，也会给妻子写信。看清了，是写信，而不是打电话。往往人都已经回来了，信才刚刚到了妻子的手上。不管去了哪里，不管远近，回来总要给妻子带礼物。两个人常常在晚饭后，手拉手漫步在夕阳余晖里，这在农村算得上惊艳一景。

他还是一个优雅的人，喜欢看书、喝茶，他总说，一个人要跟上时代，就必须学会不断补充知识，不然很容易被时代淘汰。尽管他最终家财散尽，依然书不离手、茶不离口。

在外人看来，他最终还是失败了，可是我认为恰恰相反，他因为失去钱财而使自己的人生达到了一个更圆满的境地。

一个人真正的成功是回到亲人身边，让自己的心灵富足而纯净。

前几天，他在村子里圈了一片地，用压路机压得平平整整，然后告诉亲朋好友谁家没地方放粮食，可以放到那里去，他雇了个人免费为大家看管。所有人都觉得他是有利可图，要么是打算收粮，用这种办法囤积粮食，然后卖个好价钱；要么是想着赚些看管费，毕竟他现在还是很缺钱的。可是所有人都错了，他说他年轻的时候，光想着怎么赚钱了，没有为亲朋好友做过什么，心里很过意不去。今年，看到大家打了很多粮食，却没有地方放置，就想到了这么个办法，也算是为亲朋好友们尽一点绵薄之力吧。

罗素在《我为何而生》中曾对自己做过这样的概括："对爱情的渴望，对知识的追求，对人类苦难不可遏制的同情，是支配我一生的单纯而强烈的三种感情。"

很巧，这三种情感在我这位表哥身上淋漓尽致地体现出来。我为有这样的亲戚而感动。

灵魂要在荒原上纵横驰骋，必须要有一匹信仰之马，罗素所归纳的三种感情便是你要穿上的灵魂的三双马靴。

冈察洛夫笔下的奥勃洛摩夫，是个富甲一方的地主，衣食无忧，对物质财富不再贪念，甚至有几分厌倦；可贵的是，他有着"黄金一般美好的心灵"。但是，他实在太懒惰了，懒得起床、懒得写东西、懒得出门、懒得搬家、懒得去乡下，甚至连爱情都无法振作他。最后，这个善良的人一事无成地默默死去。

之所以有这样的悲剧，究其原因，是他的灵魂懈怠了，睡着了。他找不到载着灵魂奔腾的马，自然也就无法穿上那灵魂的三双马靴。

02

这是一部电影里讲述的故事，有一位母亲遭到独生子的虐待，被打得满身是伤，被警员发现之后到家里调解却总是无果。电影的主人公发现这个孩子是在母亲的溺爱中长大的，20 多岁的人，天天待在家里，不愿意上学，不愿意出门，母亲一和他说话他便拳脚相加。接着这个主人公忍无可忍地狠狠揍了那个孩子一顿，结果这个孩子哭了，他才知道被人打会这么疼，于是跪着向自己的母亲忏悔。

儿子的一次疼抚慰了母亲身心的痛，一次疼唤醒了孩子的良知。

一个人，最怕的不是疼痛，而是不懂疼痛，是麻木、冷漠。

现在有很多这样的孩子，他们没有尝过被打的滋味，所以当被人激怒使用暴力时便不知轻重，所以才有了那么多孩子间的伤害事件。

曾在一本书里看到，说一般在两个或多个孩子的家庭长大的孩子打架时会知道轻重，因为兄弟姐妹多了，相互间难免打架，他们会逐渐知道打架的分寸，知道用什么样的力量既会让对方疼，又不会真正受伤。

但是，现在中国大部分家庭只有一个孩子，独生子女多在长辈的溺爱中长大，有时会肆意地做他们喜欢的一切事情。有人不知道食物的可贵，不知道何为饥饿；有人不知道暴力带来的疼痛是什么样子，所以按照自己的喜好将暴力施于他人；有人自私且傲慢，因为家里人都是围着他转的，他不会想到去关心其他人；有人从小就被电子设备绑架，玩的游戏是电子游戏，甚至连玩伴都不需要，与其说他们丢失掉了身体的感觉，丢失掉了某种自己，不如说他们从来都未曾拥有过……一条一条写下来，我甚至怀疑自己写得有些阴暗，可是并不是，可能会有些极端，可这些就是现在某些孩子的现状。

有一部叫《心理测量者》的动漫作品，讲述的是未来世界的故事。在那个未来里，是可以根据对人的心理分析而预知犯罪的，那里的人都被高科技严密地保护着，家里有管家管理你的衣食住行，出门随时随地可以查看安装在手表上的电脑，那个时代的人已经不知道何为犯罪，何为暴力。突然有一天有一个人在人群中抓住了一个女人，用力捶打她的脸，但是周围的犯罪预警并没有发出警报，周围的人全都愣在了那里，他们不知道发生了什么事，他们不恐惧也不呼救，他们不知道该做些什么，因为在他们的意识里已经没有了暴力的概念，我觉得这是比麻木更可怕的事。

每个人的心，都是一座花园，阳光雨露必不可少，然而疼痛也是不可或缺的。就像一朵花，你要让它开得灿烂，就要果断地修剪；就像一棵树，你要让它笔直生长，就要删繁就简。

疼痛是生命的钻石。经历疼痛的时候，你不要只顾着喊疼，只顾着掉眼泪，要懂得，那痛虽然锥心刺骨，却也磨砺着人心。终有一天，你的花园会呈给你一颗耀眼的钻石。你的疼痛有多深，你的钻石就会有多重。

你的疼痛，几克拉重？

有些温暖，
你要接过来再送出去

人间冷暖分明，

时而热闹喧哗，时而清冷寂寥；

人间烟火缭绕，

时而向东，时而向西；

人间有难闻的气味，

也有于暗处涌动的茶香。

01

和一个编辑朋友聊天，说到喝茶。她说她最近常喝玫瑰花茶，看着小小的花骨朵泡在透明的玻璃杯里，慢慢地涨开。花瓣的边缘有些变淡了，轻飘飘地浮在水上。而水的颜色变成了淡淡的金黄色，说是金黄色，又有些不大确定，类似于从云的缝隙中投射出的阳光，把云朵镶了一层边，那种介于金黄和透明的颜色特别好看。慢慢涨开的花骨朵就像一条小小的章鱼，兴奋地张开所有的腕足，想要给这个尘世一个大大的拥抱。

除了玫瑰花茶，她还喜欢喝玫瑰茄，对于玫瑰茄，她亦有自己的一番感受，她说，玫瑰茄泡在水里，像一滴红墨水掉进水里，那颜色就缠缠绵绵地抽出丝来，那水便渐渐红得妖冶起来，如寂寞的红颜咯尽一世的相思，对镜点出的一朵腮红，正如她的另一个网名那样打动人心：洛神花。

“然后我就想，要是给您喝，一定又会写出美妙的文章来吧！”

我说是啊，如此，也就不辜负那美美的小花骨朵了。如此，便不辜负那妖冶的红，不辜负那弥漫心间的茶香了。

品茶即是品世，认真去体会，用心去生活，便可品味弥漫在尘世中的茶香。

02

妻子的三妹在乡下，是几个姐妹当中生活最困难的。在城里的姐妹们总是不停地接济她，时间久了，三妹总觉得欠姐妹们很多。每年都辛辛苦苦地养一些鸡鸭，咸鸭蛋每人分一份，冻豆腐每人送一份，总之不管送什么，每个姐妹都是一视同仁。今年冬天还没有完全来到，好像又已经迫不及待了，三妹早早和妻子打招呼，“大姐，你安排时间回来吃大鹅。”我们都忙，这事儿说完就放下了，直到三妹再也按捺不住，又一次打电话给妻子，可是城里的几个姐妹要么这个没时间，要么那个有事儿，接连几个星期，三妹的电话到了周五晚上就会准时打过来，千篇一律的一句话：“明天能来吗？”妻有些不耐烦，本打算直接说不去了，却被我制止了，我说那是三妹的一份心意，不管咱们平时吃腻了多少山珍海味，都该去，要不三妹该难过了。人和人之间的相处，不管是朋友还是姐妹，总要为对方去想一想，尽量不要辜负别人的美意。

于是，我们出发了。

这姐妹间的情谊，便如陈年普洱，弥漫着厚重淳朴的茶香。

我居住的小区，有一个拾荒的老人，孑然一身，孤苦伶仃。住在一个简易棚子里，夏天蚊虫叮咬，冬天寒风肆虐。夏天还好些，冬天最难熬，呼号的北风似乎时刻准备着将他的小棚子连根拔起。小区里的人看着揪心，有钱的出钱，有力的出力，弄来一些沙子、水泥和旧的门窗，帮老人建了一个小房子，虽然不大，但总算可以抵御寒风。有人为他买了煤和柴火，还有人送来了米面。傍晚时分，人们下班路过这个小屋，看到屋子里灯光亮着，心也就跟着明亮了起来。屋顶上一缕炊烟探头探脑地冒出来，寒风歇斯底里地试图将它扯碎，却一次次无功而返，因为它有一个温暖的根。

老人感激我们，却苦于找不到报答的方法。他喜欢唱戏，一个阳光晴好的日子，就拿出箱底一把多年不用的二胡，在广场边上拉了起来，声情并茂地唱了几段京剧。每唱完一段，他就要说出一些感谢的话，浑浊的泪不停地在他脸上流过。我路过的时候，已经聚了许多人，我没有走开，静静地听他唱完，使劲地为他鼓掌。我知道，静静地去聆听，便是没有辜负这个老人那颗感恩的心。

这陌生人之间的情谊，便如乌龙茶，弥漫着温暖贴心的茶香。

10多年没有联系的阿辉突然寄给我一个邮包，打开后着实让我震撼了一把。那是我这些年在博客上刊发的文章合集，他打印出来，做了封面，还配了插图。我原来一直以为他已经把我忘了，殊不知，他一直默默地关注着我。我依着10年前的电话号码打过去，竟然打通了。我们并没有想象中的久别重逢的兴高采烈，而是平静如水的寒暄：

“这么多年都没有换号码啊？”

“是啊，那是给老朋友们留的一条小路，想我了，可以顺着它找到我。”

“什么时候回来，我们一醉方休。”

“不远的将来。在这之前，请彼此珍重。”

他说他喜欢我的文章，作为读者，他希望我不要懈怠，继续写出更多的美好而温暖的文章来。我狠命地点头，我知道，唯有写出干干净净的字，才不会辜负那些喜欢我文章的人。

这朋友之间的情谊，便如龙井茶，弥漫着清爽甘洌的茶香。

人间冷暖分明，时而热闹喧哗，时而清冷寂寥；人间烟火缭绕，时而向东，时而向西；人间有难闻的气味，也有于暗处涌动的茶香。如果茶香被囿于一扇门里，那么善良是开启那扇门的钥匙。人心向善的那一面，有乐感，有茶香。

认真地爱自己，善良地爱别人，莫要辜负了尘世里向你滚滚奔来的一缕缕茶香！

03

善良从不是刻意做给别人看的，而是自然而然发端于内心的本真。

这份暖意，可以为一个人抵挡命运的寒流。

1967年，诗人周梦蝶以摆书摊糊口，生活清苦。有一天，报上刊登消息说南怀瑾将为文化学院哲学研究所授课，欢迎各界自由旁听。看到这则消息，周梦蝶当天生意也不做了，书摊一收，就按着报上的地址找去。课间休息时，南怀瑾忽然问周梦蝶："你冷不冷？""台湾是亚热带，一年四季有三季是热的，不会冷！""万一你冷怎么办？""那也是一下就过去了！""万一还是冷怎么办？"对于南怀瑾的关心，周梦蝶亦只有无言以对。沉默间，南怀瑾把一进门就脱下来的一件蓝色坎肩，扔给了周梦蝶。周梦蝶用手一摸，触手轻柔温暖，是一件丝棉的坎肩。他当下心里感动，但口中依然说不出一声"谢谢！"，只是心里既温暖又激动。

04

看过一个外国的小视频，让人颇感温暖。

老师宣布下课，小朋友们像往常一样欢呼雀跃地拿出从家里带的饭盒，准备美餐一顿。可有一个小男孩却忧郁不安起来。他不知道该怎样面对接下来的尴尬时刻。他心里再清楚不过：自己的饭盒是空的。

敏感的小男孩，暗自思量该怎样躲过这段难堪的时间。

当同学们都已经纷纷打开饭盒，准备痛快地吃起来时，小男孩似乎是想了很久，做出了一个艰难的决定。

他小心翼翼地半开了一下，看到空空的饭盒，然后迅速合上。

他艰难地举起手，告诉老师，他要上厕所。

男孩在安静的走廊中，孤单地、慢慢地走着，他不能很快就回到教室，他要拖延时间。

在饮水机旁喝完水，他拖着沉重的脚步，默默地走到窗边站了一会儿。

估摸着同学们吃得差不多了，男孩郁郁不乐地回到座位。

他想小伙伴们刚用过餐，一定还在喧闹，趁同学们不注意，正好收起自己的空饭盒。

可是当他拿起饭盒时，惊呆了！

为什么自己原本空空如也的饭盒这么沉呢？

他迅速把饭盒放回课桌上。

当打开饭盒，让他想不到的是：饭盒里竟然有满满的食物。

新鲜的葡萄，美味的芝士面包，脆生生的胡萝卜条……他疑惑地看着四周的同学，前面的小伙伴拿着未吃完的葡萄，悄悄回过头，抿着嘴狡黠地笑了。

旁边拿着芝士面包的小伙伴，假装若无其事地“专心”吃饭，而后桌拿着胡萝卜条的小姑娘，也偷偷低下头眯着眼笑了。

小男孩明白了，假装什么也没有发生过的同学，不愿看到他一个人如此孤单，更不愿让他感到难堪。

善良的孩子们想让男孩没有任何心理负担地享受大家分享给他的美味。

在小男孩离开教室后，他们偷偷地给他的不仅是美味的食物，更是最高贵的善良。

05

同事小胖和我讲过她上高中的一些事，其中关于吃，她讲得最多。

她的父母在她上小学的时候就因为车祸双双罹难，她只能被爷爷奶奶照顾着。高中的时候，她吃住在学校，爷爷奶奶年纪大了，很少来看她，不像别的同学，经常有父母来给送好吃的。除了羡慕之外，她的肚子总是不争气地咕咕乱叫。

那时候她就胖乎乎的，不晓得拾掇自己，成天裹在脏兮兮的肥大校服里，像只企鹅一样。她饭量大得惊人，常常吃不饱，看着其他同学吃着父母送来的美味佳肴，她只能蹲在角落里吃着食堂里最廉价的饭菜，一边吃一边掉眼泪。有一次，同宿舍的女同学把父母给带的饭菜拿到宿舍来吃，四菜一汤，吃不完，就问她吃不吃，她忙不迭地喊着“吃啊”，风卷残云般把美味佳肴消灭干净。从那以后，谁有父母给带饭吃不完的都会喊她一起吃，她每叫必到，大快朵颐。没有一个人嘲笑过她，也没人叫她“饭桶”，大家把她当成吉祥物“喂养”着。她也乐于当这样一个“吉祥物”，整个高中时期，大家都叫她小企鹅。

刻于骨融入血的善良，就是当我们给予他人善意时，更会记得悄悄呵护他人的尊严。悄悄地在别人看不见的地方对他好，才是最高级的善良。

人世不能缺少温暖，温暖是这个世界保持盎然生机的前提，没有温暖，世界将会冷冻成冰。

从秋到冬，似乎总是很快，甚至没有什么过渡，红的、黄的叶子便纷纷飘落，越是温暖的事物就越容易逝去。所以，有些温暖你要接过来再送出去。周而复始，万物葱茏。

人心净明，

天下太平

一篮花香，一檐鸟声，

一壶日月，一线流光，

人生大起大落事，

最后莫不归于沉寂。

放平常心，行光明事，

仰望，不为攀附，

俯视，不为辱蔑。

如是，

目光所及，皆为风景。

01

在舒缓的音乐里，在淡淡的花香中，我与一位古人神思相牵，那人便是“梅妻鹤子”的林逋。

林逋40余岁厌弃红尘隐居山林，早出躬耕，一箪食，一瓢羹，努力经营；晚归茅舍，一盏清灯，和着孤影，浅酌低吟。不羡鸳鸯不羡仙，不为五斗米折腰，不求闻达于诸侯。他养鹤，爱鹤如子。他种梅，爱梅如妻。淅沥的秋雨、颤袅的炊烟、如衣的苍苔、如钩的新月，在他的视野里到处意趣盎然。有空山灵雨的浸润和梅妻鹤子的相知，在独坐静思的漫长岁月中，他的思想潜移默化，在延伸、强大、升华，尘缘在冥思中悄然“圆寂”，心境渐趋平和淡远……

人心就是天下，人心净明，天下太平。

人心，莫要太过复杂，简单些，明了些，两点间直线距离最短，少绕一些弯子为好。

生气为什么会喊叫？因为两个人生气的时候，绕的弯子多，心的距离最远。为了使对方能够听得见，就必须喊。在喊的同时会更生气，更生气距离就更远，距离更远就更要大声地喊。两个人相爱的时候就恰恰相反，说话可以轻声细语，因为心与心之间几乎没有了距离，眼神都可以传情了。

曲径通幽处，并非说的是人心，人心如果弯路多了，只能通向更深的黑暗。

诡计，常常都是在弯弯肠子间绕来绕去绕出来的，也绕出了小人。

人生路上有贵人，也难免会遇到各种各样龌龊的小人。曾经看过一句话说，“对付小人，就像对付没有烧透的煤，碰碰才会燃烧，晾着自然就灭了。”所以，别太把他们当回事。

我看过一篇题目叫《生命与稻草》的文章，说一个性格内向的年轻人，在很短的时间内经历了父母双亡、情场失意、因受到小人排挤而使事业受挫等变故，他万念俱灰，对世界充满了仇恨。他决定买一把刀杀掉所有自己憎恨的人，然后结束自己的生命。在商店里，他挑选了一把最锋利的刀，刚要走的时候，售货员叫住了他，把刀要了回来。他疑惑地看着姑娘很仔细地一层层用纸巾把刀裹好，然后递给他说：“这样就不会伤着人了。”

年轻人不耐烦地说：“你只管卖你的刀，管这么多闲事干吗？”售货员仍然微笑着说：“我是管不了那么多，这把刀卖出去，用它削水果或是用它杀人我都管不着。可我总希望每个人都好好活着。”年轻人被感动了，心里忽然十分温暖。原来这世界并不是他想象中那么冰冷无情，原来世界上还有人不为任何利益地关心着他。虽然不多，但一点点也就足够珍贵了。最后他放弃了杀人和自杀的念头，重新开始了他的生活。

亦舒说：“人们日常所犯的最大错误，是对陌生人太客气，而对亲密的人太苛刻。把这个坏习惯改过来，天下太平。”

莫要埋下恨的种子，那样更多的土和阴影就会埋葬你。试着用爱的土壤去覆盖恨的种子，你会发现恨会变成爱，破土而出。爱恨相容，天下太平。

守着自己的碗吃饭，不要吃着碗里的想着锅里的，如此天下太平。

02

韩美林有个著名的“活命哲学”：没心没肺，能活百岁；问心无愧，活着不累；心底一汪清水，没有过夜的愁；不生过夜的气，也就没有过夜的病。正是依靠心底的这朵莲花，才使他熬过了“文革”那段艰难的日子，换得太平时光。

小时候两个小玩伴经常玩一种“天下太平”的游戏，捡块小石头，找块干净的地方画个田字框，面对面坐下。手上石头剪子布，嘴上喊着“你输我赢，天下太平”，谁赢谁就在田字框里写下“天下太平”的一笔。继续石头剪子布，继续你输我赢，继续一笔一笔地写，谁先把“天下太平”写完，谁就赢了。每轮获胜一方没什么实物奖品，输家无非被揪揪耳朵、捏捏鼻子，或者龇龇牙……然后继续下一轮的石头剪子布游戏。

小时候是快乐的，是幸福的。在玩的艺术上，每个孩子都天生是一位伟大的艺术家！

如今，年过不惑亦常常拉着妻的手与我对坐，和她说：“来，你输我赢，天下太平。”依然童心未泯，看啥都新鲜，觉得啥都是宝！依然相信种种美好，依然爱做黄粱大梦。不去管其他，活着就好，快乐就好，不论大人还是娃娃，无论是飞黄腾达还是贫困潦倒！

人心如同秋日的广场，总是会落些叶子和浮尘。人要时刻备着一把扫帚，为自己扫出一片澄明的境地。

春去春回，花开花落，人心亦应遵循如此的自然规律，莫去强求额外的春光，莫去惦念多余的芬芳，属于一颗心的，或许只是一碗粥，多出一勺，也是你的贪念。

一篮花香，一檐鸟声，一壶日月，一线流光，人生大起大落事，最后莫不归于沉寂。放平常心，行光明事，仰望，不为攀附，俯视，不为辱蔑。如是，目光所及，皆为风景。

人心干净，明了，与世无争，还何愁天下不太平呢？

03

有一个在书店打工的女孩子，爱上了这家书店的店长。后来由于种种原因分手，她也辞职不干了。

多日之后，她路过这家书店，忍不住进去逛了一遍。她看出书架上的某些书是他特意为她摆的。她做服饰设计需要的书，她最喜欢的作家的新书，她和他一起看过和讨论过的书，都摆在最显眼的位置。

那时，他们已经有一年多没有说一句话了。而他一直为那些书留着一个位置，为她留着一个位置。因为爱她，那些她喜欢的书，就成了他心目中最美好的事物。

思念如马，自别离，未曾停蹄。

不管曾经吵得多么不可开交，这一刻，她心底的安宁，如日出前的一滴露水，浸泡着过往的喜悦和怨怼，让那些往事变得柔软、顺滑。

北岛在一首诗中写道："我们相遇了，你点点头，省略了所有的往事，省略了问候。"

一个眼神、一个叹息，或者只是简单地点点头，就够了，爱情不需要过多的翻译。

被翻译的爱情，会失去原来的味道。

爱情是什么？没有答案，也不要试着去翻译。因为爱情，只可意会不可言传。

王安忆在《长恨歌》中写了一位“爱错人”的女子蒋丽莉——“她不是看不见，而是不愿看程先生的憔悴是为什么，她只想：程先生就算是一块坚冰，她用满肚肠的热，也能融化它。蒋丽莉读过的小说这会儿都来帮她的忙，教她温柔有情，教她言语生风，还教她分析形势，只可惜她扮错了角色，起首一句错了，全篇都错。信心是错，希望也是错的。”

有的错过源于缺乏勇气，有的错过则是命运弄人。人生不能太过圆满，求而不得未必是遗憾。

每个人都有一段悲伤，想隐藏却欲盖弥彰。

我在雪地上写你的名字，画你的脸，阳光笑了，融化掉整整一生的落寞、悲凉。可是你的名字，你的脸，也随之消失。

还是放到心里，才是最安全的。

我们并不相等，所以我看着你飞走。但我看你的眼光，比谁的都温柔。

蝴蝶眨几次眼睛，才学会了飞行。人要剥掉几层皮，才能学会遗忘。

我希望余生的你能修炼五样东西：

扬在脸上的自信，长在心底的善良，
融进血里的骨气，清风拂面的温柔，
刻进命里的坚强。

被生活压榨时，

记得露出八颗牙

其实生活就是这样，

即便它压榨得你忘记了笑的模样，

但是只要你愿意，

你终究还是会笑出来。

01

我是在医院护理父亲时认识他的，一个刚强得令我肃然起敬的男人。

他算得上近一段时间以来医院里的“焦点人物”，听医院的人说起，他的妻子患肺癌，母亲患食道癌，两位至亲挚爱的人，在同一家医院治疗，一个五楼，一个四楼。这样的灾难，同时降临到一个人身上，换作他人，不知会如何。他选择了坚强面对，因为他始终相信奇迹会发生。在人前，他总是微笑着，一如从前，热情地展露着一排很白很整齐的牙齿。在人后，他是否也曾偷偷地流过泪？不得而知。从来没有听他在人前说起这些，以获得别人的同情和帮助。他把苦难藏在心底，每天以一张暖阳般的脸示人。永远是西装笔挺，面目洁净，永远是不变的认真和幽默。

如果他的苦难是一杯难以下咽的黄连水，那么他的乐观便是一颗糖，尽其所能地去让那杯水充满一丝薄如蝉翼的甜。因为他不能逃避，必须将苦难的岁月一饮而尽。

那天早上，我与他在洗漱池边遇见。我了解了他的境况，并说了一些苍白无力的安慰的话。他在刷牙，牙膏很瘪，似乎已用没了。我对他说，用我的吧。他说不用，使劲儿地挤着，果真挤出了许多。他说，有些事吧，你看着好像没希望了，比如这牙膏，你也以为可以扔掉了，可是你看，我认真地挤一挤，不就又挤出了好多，怎么说也还够用几天的。

我知道他所指的是什么。

过了几天，父亲出院了，我和他再没有遇见，我不知道后来他的妻子和母亲怎么样了，是否已康复，但我清清楚楚地记得他微笑的样子，他不会垮下去。

那日，我们几个朋友去一个旅游胜地游玩，临走的时候，托一个路人为我们照一张合影。对着镜头，拍照的人一再地让我们笑，为什么非要笑呢?

我们不笑，他便不肯按下快门，我们只好勉强挤出一丝笑来。

“你看，这多好，多喜庆。”他笑着说。

果然，笑着确实比绷着脸好看，我们不由自主地想。

其实生活就是这样，即便它压榨得你忘记了笑的模样，但是只要你愿意，你终究还是会笑出来。就像那干瘪的牙膏，只要你肯挤，总还是能挤出一点点来。

02

母亲吃饭的时候唠叨，隔壁老姜的精神病又严重了，连饥饿都不知道，每天都是老伴端着饭碗追着喂。

老姜是个重度精神病患者，可是他有一件事做得超乎寻常地好——不犯病的时候几乎整天都站在马路边上，就是偶尔犯病了，冲到马路上的时候也立马变成一个正常人。尤其是遇到交通混乱堵塞的情况，老姜竟能指挥交通，而且让人称奇的是，大家都听从他的指挥，根本没人知道他是个精神病患者。老姜在交通混乱的街头就像个英勇坚强的战士，无畏而庄严。

老姜的女儿是在老姜不到三十岁的时候死在街头的，一场交通事故让老姜失去女儿也失去了健康。可我总认为，他的苦难并非全天候的，指挥交通的时候，便是他与自己苦难的经历掰手腕的时候，他阻止了多少场车祸，便卸掉了多少块压在他心头的苦难的石头。

有些宿命里的苦难，你无法将其消灭，但你至少可以让它减半。

外公从五十多岁开始，就已经基本丧失了劳动力。右腿曾经因开采矿石受伤，瘫痪卧床几年。当时家里太穷，上不起医院，家里找人用农村土方医治后虽能活动，也只是靠拐杖的帮助，慢慢地在屋里挪动。因此，外公在家里只能干点掰玉米棒子、熬猪食之类的简单农活。到六十多岁时，视力一天天下降，走路只能凭着习惯和感觉走，而且仅限于在家里活动了。

我们在城里买了楼，把外公从乡下接到新房子与我们一起生活。这时，外公已是近 90 岁的老人了，双眼完全看不见，腿只能靠拐杖慢慢挪动几步。还好卫生间离床只是几步路，十多天后他就能自己摸到卫生间了，从此从卧室挪到卫生间就成了他每天唯一的运动。从卧室到卫生间这一截常人只需几秒钟就走完的路，对于他，却得用近十分钟才能走完。

回忆成了他唯一的消遣。有时我们看到他低头抹眼泪，那是想到伤心的往事了。有时听到他轻轻地哼起了革命歌曲，那是想到在队伍里的情形了。有时还听到他“噗嗤”笑出声来，那一定是想到了为数不多的高兴的事情了。

我们搀扶他，他不用，他说：“这不算啥，不过就是这么一截路嘛！”

是啊，不过是一截路而已，外公用他的乐观和豁达轻松化解了缠绕了大半生的苦难，对于此刻的他而言，苦难已被他掰成了半截。

生活中太多的人经历着太多的苦难，只是人们处理苦难的方式不尽相同，有的人选择退缩和逃避，走上自尽的道路以求解脱；有的人选择默默承受，一滴一滴喝着生活的黄连汤；有的人选择迎击它，即便那苦难如山一般，也毫不畏惧，因为他坚信，时光可以把一座山磨成一粒沙。

时光，也可以把苦难酿成一坛酒。苦难的酒啊，你选择一饮而尽还是浅饮低酌？

选择一饮而尽的人，有一颗强大的心脏；选择浅饮低酌的人，懂得如何去驾驭苦难，并且游刃有余地穿行。

问题很多，
幸好还有解药

“没有比人生更难的艺术，

因为其他的艺术和学问，

到处都可以找到很理想的老师。”

01

人一生忙忙碌碌，走过很多地方，走了很远的路，可是细细想来，无非是在另一个地方，另一条路上，踩着自己的足迹走来走去。

总有人劝你去见更大的世面，其实，量力而行，方圆三公里，走走停停，吃一碗牛肉拉面，也挺舒服，你的节奏不需要别人来带。我一生的节奏，便是顺其自然，知足常乐。我要感谢，最先替我老去并被我拔掉的白发。我要感谢，最后一根替我保留希望的黑发。我要感谢自己，从过去走来，向未来走去，成为度己的佛。

卡夫卡喜欢笑，这是很多读者都不敢相信的吧？但根据他朋友的回忆，卡夫卡确实喜欢笑，笑得欢畅，也懂得如何逗朋友笑。卡夫卡给人的第一印象是健康的，他的精神趋向根本不是病态，而是自然伟大，显示着向上、简朴和绝对的诚实。其实，在卡夫卡的内心深处，他也想过一种健康、平凡的生活。他曾经说："结婚、建立家庭，接受所有降生的孩子，在这不安全的世界上保护他们，甚至给予些引导，这些我确信是一个人所能达到的极致。"但是，也许是因为内心的呼唤和命运的捉弄，他却无法享受平凡的生活：终生未娶，只活了短短的41个年头。

忧郁的叶赛宁自杀了，留下那句"生活中死亡并不算新奇，而活着当然更不是奇迹"的绝笔诗，大嗓门的马雅可夫斯基嘲笑他的懦弱，并为这句诗提出了尖锐批判："在这人世间，死去，并不困难，创造生活，可要困难得多。”可谁知5年后，他竟然也自杀了。

爱尔兰诗人王尔德说：“我能抵抗一切，除了诱惑。”中国诗人昌耀说：“在我的诗里，我能摧毁一切，但在生活里，一切都可以摧毁我。”

诗人们在诗歌里的坚强更显露了他们在生活中的软弱，那么，就这样与生活妥协了吗？

对生活妥协是看穿了上天的把戏后，我们还能对它有所敬畏与感恩，深知在我们相对渺小的生命之外，有更为宽广与永恒的东西。

对命运的逆来顺受就是把生命里所有的难题都推给老天，觉得这是老天的故意为难，放弃从简单或者看似不顺的生活里寻找美感，不再寻找激发你斗志的能量。

古罗马哲学家塞涅卡说：“没有比人生更难的艺术，因为其他的艺术和学问，到处都可以找到很理想的老师。”

是啊，只有人生没有老师，因为每个人的人生都不尽相同，都有不同的标准。你自己的人生，只能靠自己去创造，靠自己去探索和总结。这就如同我坚守着我挚爱的文字一样，不管多少冷嘲热讽在耳边呼啸而至，我依然我行我素，固守心中的那份信念。

加官晋爵，衣锦还乡，淡然出世，归隐田林，怎样的人生才是与你相配的人生？

或奔跑疾驰，或慢步徐徐，两岸的风景一闪而过，有多少尽收于你的眼底？

即便你死去，你的墓志铭也没必要写多长吧，难道你想让人误以为那是多么伟大的丰碑吗？

17世纪英国剧作家韦伯斯特笔下的那位漂亮、快活的挤奶姑娘让人震撼：她只有一个愿望，希望死在春天里，这样她的裹尸布上就可以摆满鲜花。她让我相信，真正感人的爱之花正是对着世界偌大的阴影开放的。因为有花朵在，阴影就不再那么可怕。

好好活着吧！人生没有老师，但我们可以无师自通。

02

在年底评选“办案能手”的时候，我又一次无可争议地摘取桂冠。这已经是我连续5年获此殊荣了。在单位里，人人都知道我是最忙的，却也是把工作打理得最井井有条的那一个。我办的案子最多，工作也最有效率，忙得一头汗水的同事向我取经，我说这一切都是因为小时候考试怯场造成的。在同事惊愕的表情里，我向他讲了自己“从最后一道题开始做起”的故事。

我上小学的时候，每次考试都会怯场。考场那种严肃的气氛让我的双手不自觉地就不好使了，脑子里一片空白，害得自己总是答不完试卷。本来平时学习挺好的，结果考试却总是考得很不理想，有时甚至不及格。但一个学生学得怎样，毕竟要靠考试来检验，平时学得再好，考试不过关，一切就等于零。因为怯场，我吃尽了苦头。

我和老师说起了自己的这个短板。老师教了我一个办法，他说，再考试的时候，你从最后一道题开始做起，因为后面的题总是最重要的，分值也多，即使你最后没有做完，剩下的也是前面的填空之类的小题，扣的分数也不至于那么多。这个办法还真管用，我在以后的考试中都用了这个办法，考试成绩上来了，而且也一点一点改掉了这个怯场的毛病。

从最后一道题开始做起，老师的意思是让我挑那些重要的题先做。现在想想，老师教会我的不仅仅是答题的技巧，更是一种做人的态度。人生不也是这样吗，人活一世，有许多重要的事情等着你去做，你可以先把别的无关紧要的事情放一下，转而从那些重要的事情开始做起，那样你的人生，一定会交出一份令人满意的答卷。

事实证明，“从最后一道题开始做起”这个理念在我的人生经历中给予了我很多帮助。每当繁杂的工作压过来的时候，我不是盲目地想到什么做什么，而是冷静地坐下来，仔细地将它们分门别类，挑出最重要的先去做。

人生有太多繁杂的目标，人人手里都应该有个“分拣器”，把目标的轻重缓急做一个梳理，科学地去规划，最后你会梳理出你的“最后一道题”。先把它做完，然后回过头来继续分拣，以此类推，人生的难题自会迎刃而解，逐个击破。

在我所办理的案件中，有很多是因为一些鸡毛蒜皮的小事所引起的民事纠纷。双方都不肯让步，案子很难调解，一拖就是好几年，害得双方半辈子没有消停过，人也老了，事业难成，变成庸庸碌碌、婆婆妈妈的小男人小女人。究其原因，就是因为他们没有选择人生最重要的题，而是选了无关紧要的题先做，从而让那些没那么重要的事情拖累了自己。

人生的试卷上也有很多问题，这些问题有轻有重，寄予着人生的种种思考。等你把最重要的问题答完了，再回过头去，定会有一种“一览众山小”的感觉。这个时候你会发现，那些曾经所谓的“难题”，不过是被你踩在脚下的一块块石头。

人生有限，在有限的时间里，你要先挑那些重要的事情去做。只有有效安排了你的人生，才会使你的人生波澜壮阔、蔚为壮观。

有梦想的人
是幸福的

非同寻常的梦想会造就非同寻常的生活。

我们何尝不是在追梦的过程中追逐上了时代的节奏，

追寻到了青春的影子。

01

爷爷身患绝症的时候，被医生告知还有六个月的生命。在这六个月的最后时光里，爷爷依然怀揣着一个梦想：他要写一本关于他和奶奶的书！他要给奔跑的生命做一个诗意的总结。

爷爷拼命地写，不顾医生的劝阻，他要和死神争夺时间。其实爷爷的书根本没有什么文采，不过是写他和老伴磕磕绊绊的一生中的细枝末节，那一个个温情的瞬间，一片片感动的碎屑，充盈在他的字里行间，使他的精神始终处于饱满的状态，丝毫不像一个大限将至的人。他走进他的记忆，重新漫步在那些恋爱的季节里。

他在扉页上写着：献给我最爱的人。

他说自己一生有过无数的梦想，有的已经变成现实，有的永远无法实现，现在，他在书的最后一页写下了他的最后一个梦想：握着爱人的手离去，在天堂的花园里约会。

爷爷每天顽强地挺直身子，趴在桌子上艰难地写作，奶奶每天走动在他的视线里，一会给他捶背，一会给他喂药，灿烂着他摇摇晃晃的风烛残年。

爷爷在走之前的那个晚上，终于写完了他的书。他嘱托我们一定要找一家印刷厂将他的书规规矩矩地印出来，然后在他的墓前放一本。那天，爷爷咯了好多好多的血，医生说那是劳累的结果。可是爷爷走的时候，脸上一点痛苦的表情都没有，安详而幸福。

爷爷是带着梦想走的，他握着奶奶的手，梦想着和自己的爱人在天堂约会。

不管你的梦想是大是小，是俗是雅，只要它不是邪恶的，那么怀揣美好梦想的人就是幸福的，而没有梦想的人是可怜的。有人说，梦想是属于年轻人的，中年是一个不会做梦的年龄，老年更是一个与梦绝缘的状态，但在那一刻，我看到了一个老人幸福的梦想。

我们的每个日子都是从小小的心愿出发，每跨过一天，就有一个个心愿在驻守，在更替，在增加，在消失，正是他们前仆后继地推动着人生的脚步向梦想、理想迈进。

意林杂志社在读者群中做了一个“你的梦想是什么”的调查，结果考上理想大学、父母健康长寿、升职加薪、做娱乐明星、希望被认同、与老友重逢等梦想占绝大多数，排名最靠前。除此之外，人们热衷的梦想还有提早退休、子女成才、希望从事慈善事业、拥有出色的口才、娶美女、找到理想伴侣、能登上月球、尝遍天下美食、找到知心好友、为兴趣而工作、亲临奥运现场、移居国外、和亲人周游世界、拥有属于自己的事业，等等。

在这份调查中，我们看到更多的是现代人的个性情怀。

我们总觉得自己都是有抱负有梦想的人，但其实我们是很排斥理想的——它太虚幻了，一点也不实际。比如，上大学填专业时，又有几个人是以兴趣、爱好、梦想为考虑重点的呢？我们想的都是从这个专业出来是否好找工作等实际的问题。所以抱负就变成了你对工资、房子等的细化要求。

在经济不断发展的同时，我们被物质腐化了。

人的梦想和抱负不应该仅仅是物质上的需求，更应该是精神上的！对物质超出实际的贪念，这可能就是越来越多的人出现心理疾病的原因。快乐应是我们生活中追随的目标，像一个希腊哲学家所说的那样：快乐是在一点经济基础上自由自在地和朋友在一起，并且随时随地地分析你走过的路。

梦想、抱负可大可小，有就是幸福。即使是平平淡淡地活着，只要这是你想要的生活，那你就是最幸福快乐的。

每个人的梦想都值得尊重，嘲笑他人的梦想是最可耻和最可悲的事。有些人的梦想在常人看来微不足道，比如一个乞丐的梦想是吃饱肚子，一个利用假期在酒店打工的孩子的梦想是攒够学费，再上一年学，使他不至于离开可爱的校园。

非同寻常的梦想会造就非同寻常的生活。我们何尝不是在追梦的过程中追逐上了时代的节奏，追寻到了青春的影子。

就像我的爷爷为他的书取的名字一样：有梦想的人是幸福的。

02

一个心脏内科大夫，长得一点不像医生，脸黑黑的，头发及肩，非常结实的样子，话语不多。在日常生活中，他和大多数人一样，有固定的作息时间，因为他是一个职业医生。然而在几乎所有的业余时间里，他都在专注地做着同一件事：画画。对此，他自己谦逊地说是糟蹋纸张。那么在处方笺的背面画画，总可以最大限度地把浪费降到最低点了吧。好，那就在那里画。他找到了一个可以让灵魂自由驰骋的地方——处方笺的背面。

多年来，无人知晓他画出去的处方和写出去的处方哪个多，哪个少。他的哥哥看到那一大堆画在处方和废纸上的东西，随口说了一句："行，就这样画。"在许多人看来，"这样"画就是胡画、乱画。但他就"这样"一直画了下去，日复一日地画，画面上也逐渐有了变化，有人说好，有人说不好。但都没有让他停止，他的笔在那些处方笺的背面轻盈地飞翔，他感觉到灵魂里的惬意。那些窄窄的空白的地方，在他看来，却那般空阔，任他的灵魂之笔自由驰骋。

正如他自己所说的那样，从小他就喜欢随手在纸上画点什么。慢慢地，被他“糟蹋”掉的纸张也就越来越多。后来，这些信笔涂鸦的玩意儿被一些画画的朋友看到，觉得挺好玩，还把它拿到美术刊物上发表。这使得他这个平时胆子很小的医生，着实出了回风头。打那以后，他开始很可笑地把那些“废纸”保存起来，而不是像以往那样，画过后便随手扔掉。直到有一天，好心的朋友打算把那些废纸上的画结集出版，他才知道，自己“惹祸”了。

这个“惹祸”的医生叫韦尔乔，他没有学过一天画，他的画就是他的感觉。他只是一个年轻的医生，在一个不大的医院里，晚上独自值夜班，周围都是生病的人。这样的环境里，他不停地想象，不停地画，试图用简单的线条勾勒繁复的人生，这是一种完全的自我沉醉。

就这么一点儿业余爱好，因为他的坚持，竟整出了好几本书，成了全国闻名的腕儿。他先后为10多部作品画插图。最早与王玉北合作，创作了《西方哲理漫画》2500余幅插图，为畅销书《妞妞——一个父亲的札记》绘制了160余幅插图，这本书创造了当时我国出版界一个“版本升级”的成功典型，也为他带来了巨大的声誉。特别是他的《梦游手记》，更是扬名于文艺界和书画界，实在出人意料。

对于他的书，业内人士评价说：“看他的画让人感到惊讶，那种对直觉的发掘，无意识的表露，极为自由的想象，把我们带到了一个普通为技术所累的职业画家所无法达到的境地。”画，是他一闪即逝的思绪和灵感不经意的记录，让画家震动；文，则是他对人和事的理解和思考的自然流露，让文学家羡慕。

韦尔乔的成功表面看来有些偶然，实则必然。如果没有日复一日专注于内心的绘画，他不会取得那样的成就。

苏格拉底曾经在开学第一天对学生们说：“今天咱们只做一件事，每个人尽量把胳臂往前甩，然后再往后甩。”说着，他做了一遍示范。“从今天开始，每天做300下，大家能做到吗？”学生们都笑了，这么简单的事情，谁做不到？

可是一年之后，苏格拉底再问的时候，全班只有一个学生坚持下来，这个人就是大哲学家柏拉图。其实苏格拉底只是想在他的学生们心中培养一种品质：坚持。他知道，如果一个人一生能够坚持于一件事，往往会使他在某一个方面出类拔萃。

是的，从韦尔乔身上，我再一次领会了坚持的力量。

黑暗只是

光明在和你玩捉迷藏游戏

每个人心中都有起伏不定的平平仄仄。

如果你在意，

那是你的高山，你的沟壑；

如果你随意，

那是你的词牌，你的音色。

01

我从来没有像这次这样，毅然决绝地走掉，仿佛逃离。我是悄悄走掉的，妻儿还在睡梦中，没有她们的祝福，我把这样的远行叫作流亡。

有人说本命年琐碎，话语间充塞着迷信的味道。但现在我有些相信了。最开始母亲生病，眼睛要做手术，还没等母亲做手术，父亲又病倒了。岳母一直在与肺癌斗争，妻子也得了咽炎，每天干咳不止。孩子的成绩每况愈下，不思进取。签好的几本书因为种种原因搁浅……这一切就像大山一样压着，让我喘不过气来。

人到中年，多事之秋。从前的那些快乐似乎越来越远，直到变成记忆。每个人走进中年的门槛，都会经历悲伤吧，那些悲伤就像换季的衣服一样，一件接着一件，接踵而至。

第一次感觉到了累，身心俱疲的那种累。或许出去走走，会好些吧。不远也不近的地方，能洗净我的哀伤吗？直到我读到黑塞的一首诗，它先是给了我后退的心一记耳光，然后轻推我的腰身，向着家和阳光的方向。

这首诗是这样的：

秋雨纷纷，袭打着叶已落尽的森林
晨风中，山谷在寒战中苏醒
栗子落地，响声清脆

在地面上濡湿、破裂
并带着棕色的微笑
秋天经常扰乱我的人生
秋风吹走破碎树叶
摇晃枝桠
然而，果实何在？
我绽开爱的花，却结出苦涩的果
我绽开信任的花，却结出怨恨的果
风撕裂我的枯枝
我对它展开笑颜
因我尚可抵御风雨

我的忧伤和苦楚与黑塞比起来，会是怎样的呢？

赫尔曼·黑塞的一生大部分都处在孤独之中，他自幼就选择了一条避世的天国之路，从青年时期的叛逆，到为战争孤独地呐喊，到探求从“我”走向“自我”的内部之路，他的孤独更多地因为他的厌世心理在起作用。直至终老，他的一生很少摆脱过孤独、苦闷的情绪。

因为看不惯学校里的暴力，他逃学。后来去了一所神学院寄读，家里期望他能成为一名牧师，再后来又去了一所高等文科中学就读，但最后都是受到禁闭和退学的处分。黑塞度过的是一个充满危机和不安的青春期，他曾经因爱上他的女房东而逃学，一个人走在孤独的雨夜；曾经因为恋爱失败而给自己准备了一把随时可以结束自己生命的手枪。家里人的操心和努力最终没有结果，于是黑塞开始自觉地、全力以赴地教育自己，走上一条孤独的成才之路，向一个作家迈进。

1902年他母亲的逝世给他带来巨大打击。

1904年结婚后，黑塞与他的第一位妻子一起在波腾湖南湖畔的小村庄盖因霍芬过着隐居的生活。那是他孤苦一生中难得的一段静谧岁月。

信仰的丧失让欧洲陷入前所未有的战争灾难，黑塞想要摇醒人们的疯狂，但当时的世界掌握在大多数盲从者的手中，少数的清醒者是无力对抗的。诗人呼吁人们返回自己的精神家园，他认为欧洲应该向东方学习，有自己真正的信仰；同时，他呼吁人们寻找失落在众人里的个体主义，找回“自我”，黑塞毕生坚持守护个体心灵。

但是他孤掌难鸣，因为几乎整个国家的人民都被纳粹洗了脑。他写文章反思自己和战争：“有朝一日我的民族，纵然不是作为全体，也会有许许多多的清醒而且有责任感的个人来做一番类似的检讨。”但是黑塞的文章受到了来自全国各地的作家和出版社的嘲讽和攻击，一下子使他陷入了四面楚歌的境地。此时，孤独在诗人是一种误入，误入到一个异己的世界中。他反躬自省，觉得自己“一切磨难都是自找的”，他服役期间在德国战俘辅导中心工作，其间父亲病逝，妻子精神病日益恶化，他陷入深深的痛苦之中。“上帝死了”，在尼采发出这样的感慨后，黑塞也无奈感叹道：“上帝死了，我还该活着吗？”

受到如此重创的黑塞应该怎样？像年轻时候失恋那样持一把手枪对准自己的太阳穴吗？不，如果那样，就不是黑塞了。

他选择了顽强而乐观地活着。他说：“人生苦短，我们却费尽思量，无所不用其极地丑化生命，让生命更为复杂。仅有的好时光，仅有的温暖夏日与夏夜，我们当尽情享受。”

看吧，伤痕累累的黑塞尚且如此，我怎么就在秋风里低下了头颅？

向这样的一颗心致敬！我迫不及待地向着家的方向疾驰，打开车窗，秋意深重，枯黄的叶子纷纷飘进来，我接住，当成蝴蝶去欣赏。太阳隐去，我理解为它正在藏起最后一块黄金，去兑换整个夜晚的白银。

明天的太阳，请允许我继续走在你指引的路上。人生之路是多么漫长，总有背对阳光的时刻，我们大可不必隐瞒内心的阴影，世界广阔无边，哪怕命运给予我的，是一条窄窄的小道。我也不抱怨，容得下我的双脚即可，我就一样可以漫步或者小跑。

时间会把一切抹平，会把一切擦拭如新。干净的云彩下面走动着数不清的新人。秋风扰乱人生，我依然要对它展开笑颜！若我尚有一丝气力，我将不遗余力地欢畅；若我尚有一分信念，我将奋不顾身地相信和爱。

每个人心中都有起伏不定的平平仄仄。如果你在意，那就是你的高山，你的沟壑；如果你随意，那就是你的词牌，你的音色。就像在黑暗房间里摸不着开关，那不代表光明不在，只是光明在和我们玩捉迷藏游戏。

02

城西街有个怪人，明明不是哑巴却没有人听到他说过一句话。从他搬来的那天起，那里就是一个无声的世界。

后来，我从别人口中得知了他的故事。以前，他是一个“臭嘴巴”，喜欢揭别人的短，因此得罪了很多人，有人就暗地里给他下了套，把一顶“侮辱罪”的帽子扣在他头上，为此他蹲了一年大牢。

祸从口出，他恨自己的嘴让他得不到快乐。他要惩罚它，不让它说话。从此，那张嘴就再也没蹦出过一个字儿来。

我喜欢有故事的人，我试着去接近他，开导他。我告诉他，每个人都有把自己弄丢的时候，要记得把自己捡回来。你惩罚自己的嘴，其实是在禁锢自己的灵魂。你要活得快乐，就必须放飞你的灵魂。

城西街的“哑巴”开口说话了，他之前以为自己生锈了，对生活失去了探求的乐趣，到处弥散着死气沉沉的腐朽的气味。而现在，他打开了自己，他擦拭了自己，他焕然一新，即便偶尔出于习惯，还是喜欢用手势来表达他的心情，但我分明看懂了他打出来的两个手势，一个是快乐，一个是感恩。

世上没有生锈的影子，影子在移动，一丝风也可以让它欢呼雀跃。

我小时候体质弱，三天两头发烧感冒。父亲鼓励我多运动，可是惰性牢牢拴住我。母亲宠溺我，不到最后一刻不喊我起床，父亲埋怨母亲，说我再不活动活动都生锈了！我用被子蒙着头，充耳不闻。父亲以身作则，每天早起晨跑，而我终归还是舍不得热乎乎的被窝，对父亲的率先垂范视而不见。

终于有一天，好脾气的父亲狠下心来，硬是把我拉起来陪他去跑步。我睡眼惺忪地跟着他慢慢地跑，满心的不情愿。这时候，太阳从天边慢慢地蹭出来，那一幕让我惊呆了，这是一轮多么新鲜而饱满的太阳啊，它是刚刚出锅的冒着热气儿的汤圆，它是沾着芝麻粒儿的麻团，它是淌着汁液的荷包蛋……它是人类共有的早餐！

我在为自己错过了很多次这样的早餐而后悔，不然，我该多么健壮！

我跟在父亲身后，气喘吁吁，脚像灌铅了一样，举步维艰。父亲鼓励我咬牙再坚持一会儿，他说："只要你跑起来，你的影子就不会生锈。"

我去盘锦参加思维与智慧杂志社的笔会，认识了一位传奇人物——大连渤海艺术研究院王绍斌先生。他的人生是一首曲折的诗，意气风发的时候，被判入狱 13 年。在狱中，他开始写文章，一共发表了近千篇文章，这些发表的文章为他获得了 3 年的减刑，出狱后，他并没有太多的自怨自艾，他说，人总要为自己的过失负责，既然错了，就要为这错误付出代价。失之东隅收之桑榆，虽然失去了那么多年的自由，可是却让他的灵魂得到了淬炼，让心灵得到宁静，这何尝不是另一种意义上的收获呢！

他凝视着自己的深渊，那深渊也凝视着他，他却并未掉进那深渊，而是在深渊的边缘，游刃有余地穿行。这是一个怎样抗击打的灵魂！他坚信，命运在他人生的上半场和他开了一个天大的玩笑，也一定会在他人生的下半场还给他一个幸福的圆满！

王绍斌先生说，虽然失去了自由，但那些年，他始终让自己的心灵坚持奔跑，而不是待在阴影里。

如果你跑起来，你的影子就不会生锈。

如果你惧怕风，就跑到风的前面去，在它的额头上刻满你的脚印；如果你惧怕黑，就插进黑的内里去，在它的心脏里磨炼出一颗灵魂的夜明珠。

积极去做任何一件事，

都好过在往事的泥潭里挣扎

善良的宽容和选择的谅解

是这一切的黏合剂。

01

一个朋友和我说起一件令人啼笑皆非的事情。他说他请一帮朋友吃饭，期间有一个人因为吃鱼被鱼刺卡住了，很严重，嗓子发了炎，去医院找医生才拔出来，然后又打了很多针，花了不少钱。令他万万没想到的是，这个人随后竟然把我的这位朋友告上法庭，说是因为吃了他请的饭，才被鱼刺卡住。

朋友自认倒霉，遇人不淑，交友不慎，乖乖赔了千儿八百块，也长了教训，以后交朋友可得擦亮眼睛，也不再轻易请人吃饭，否则钱包瘪了不说，还担着风险。

而那个索赔钱财的人，周围的人自然也不再理他，谁还会和这样一个心胸狭隘的人继续做朋友呢？

他索赔了千儿八百块，可是却失去了一大帮朋友。这份损失不知会不会令他痛悔。

仔细想来，为了这么一根微小的鱼刺，何来的大动肝火呢！

人与人的交往，最可贵的就是相互包容，谁能没有缺点，谁又能没有过失呢，宽容一点，岂不是皆大欢喜！

02

一个开养鸡场的同学，20 多年前是我们班的班长兼学习委员。学习成绩稳居第一，只有被追赶，从未被超越。我是在她后面追赶的人之一，为此遭受过她的鄙视：想超过我？也不看看自己的腿够不够长。那时我个头不高，这么恶毒的话无异于在我伤口上撒盐，我用匕首一样的眼神瞪着她，从那天起，她就成了我心底的仇人，彼此一句话都没再说过。

20 多年后的一天，她和一大帮同学来我家做客，临走的时候，从后备厢里取出两箱鸡蛋，其中一箱明显拆开过。她跟我说本来是准备给超市送的，太远了，不送了，让我拿回去吃，都是笨鸡蛋，好吃。

我知道，这些鸡蛋本来就是给我拿的，她怕我多想，所以故意那么说。

我只是纳闷，另一箱怎么是拆开的呢？

回家后，妻子要把鸡蛋放冰箱里，无意间查起数来，最后鸡蛋的个数是 101 个。

这些年我写东西有了些名气，在同学中间传开，可是从来没有从她口中说出赞美我的话，现在，她通过这 101 个鸡蛋告诉我，我是百里挑一的优秀的人。

这算是她间接承认我超越了她，并向我道歉了吧。

这花了她多大的心思啊！

其实，她当初说的那句话也像鱼刺一样，这么多年一直卡在我的喉咙里，想想就难受。现在好了，再回想那些，简直就像小孩过家家一样稀松平常。

你看，生活中因为琐碎的小事导致朋友失和，甚至夫妻反目的比比皆是。这提醒了我们，生活中不见得有多少大阴谋，给你造成困扰的往往是不起眼的鸡毛蒜皮的小事。这些芝麻粒儿大小的事儿，在人际交往中往往扮演着导致分崩离析的角色。

善良的宽容和选择的谅解是这一切的黏合剂。

所以，我们此刻积极去做任何一件事，都好过在往事的泥潭里挣扎。比如，对面前已成定局的一盘棋的纠结；比如，总是去想上一颗掉落的牙齿丢在哪里？比如，因为一根鱼刺，卡了喉咙，你连带着记恨起请你吃饭的人，记恨了那顿饭，记恨了那个饭店，甚至还记恨了那个给你取出鱼刺的医生，因为他自始至终绷着一张脸，仿佛你欠着他很大一笔债似的。

如此，这一根鱼刺，扎的便不仅仅是你的喉咙，它还扎疼了你的岁月。

03

在我接手办理的案件中，有这样一件赔偿案件让我一直心存感动。它让我懂得了什么是真正的善良，并看到了一幅因为善良而换来的和谐美图。

五年前，一场悲剧降临到农民王铁栓家中。21 岁的儿子，把摩托车借给朋友，结果那位朋友将骑自行车的刘某撞成了植物人。肇事的朋友从此失踪，刘某的家人把王家告上法庭，王家要因此承担 20 万元的巨额赔偿。按照街坊邻里的说法，这事本不该由王家负责，但法庭在没有证据可以证明另有肇事者的情况下，只能按判决执行。从此，王家开始了漫长的赔偿之路。

王家没有怨天尤人，推卸责任，他们抵押了房子，四处借钱，全家人收废铁、捡破烂，勒紧裤腰带，节衣缩食，想尽一切办法来赔偿。五年来，他们只是在每年的除夕夜包上一顿肉馅饺子，除此再没有吃过一顿肉。后来，刘某去世了，刘某的妻子也因病去世，刘某的三个儿子要去外地打工，他们把年迈的爷爷、失明的奶奶送到了王家。王铁栓认准一个理，如果儿子不买车，不借车，就没有这件事。出了事就要承担。王家把两个老人当亲人养，生活起居照顾得无微不至。老人受了感动，回家要求孙子："就当你们的父亲生病死了。"主动要求法庭另作调解，王家一次性付了 8 万元，了结了此案。

我办理的案件有了结果，但法庭之外的故事并没有就此结束。王家在赔付了 8 万元之后，背上了沉重的债务，而这时，刘某的三个儿子又主动开始替他们还债，两个年迈的老人也和王家有了割舍不掉的情感，王铁栓干脆把他们接到了家里，当成亲生父母来赡养。而刘某的三个儿子，也把王铁栓当成了异姓的父亲。两家人像一家人一样，其乐融融。

两个无辜的家庭，两种无奈的不幸，但凭着一样的善良，最后达成了动人的和谐。如果换个版本，王家凭什么要认这个茬？刘家为什么要善这个后？钉是钉，铆是铆，弄得两败俱伤的前例，并非没有。要说委屈，谁都有委屈的理由；要说泄愤，谁都有泄愤的办法。王家、刘家，还有肇事而失踪的朋友家，完全有可能闹得天翻地覆，也有可能结成世仇冤家。然而，闹得天翻地覆了，谁家能有好处？结成世仇冤家了，谁家能得善果？本来是一个解不开的扣，因为王铁栓退了一步，整个事态柳暗花明，海阔天空。

圆满的结局是王铁栓用善良换来的好报。世间的纠纷，无处不在，人与人的冲突，五花八门，但普世的法则只有一条：退让，才有和谐；和谐，才能轻松。也许有人会将王铁栓的退让看成是软弱与无能，这是莫大的误解！人生是有境界的，王铁栓的境界，是最高的境界；活着是需要智慧的，王铁栓的智慧，是最难得的智慧。如果没有足够的刚强，王铁栓就承受不起这样的委屈；如果没有足够的坚韧，王铁栓就履行不了这样的赔偿；如果没有宽广的胸襟，王铁栓就接纳不了刘家两位年迈的老人；如果没有真挚的善良，王铁栓就感动不了丧子心痛的刘家两位老人。在王铁栓那近乎本能的善良面前，一切貌似血气方刚，实则心胸狭窄；貌似爱憎分明，实则睚眦必报；貌似敢作敢为，实则粗鲁野蛮的泼妇刁汉们，倒是应该垂首汗颜的。

善良可以让一个人变得无比坚强，善良可以化解人世间喧嚣不止的纷争，它是一味良药，可以为灵魂止痛，使人心平静；它是一支画笔，可以泼墨挥毫，勾描世界的和谐之美。

直面人生的
至暗时刻

不是每一个灵魂都配得起那些苦难的。

那些苦难的沙子，

会将一个伟大的灵魂磨砺成最耀眼的珍珠。

01

对人的一生来说，就像一部有固定时长的电影，无论结局如何，时间的长度边缘就像剪辑师剪下来的，断口干脆，绝无回头反复的机会。在那被既定了期限的生命里，你是否调好了生命之琴，演奏出属于自己的那一段波澜壮阔的乐章？

陀思妥耶夫斯基不是上帝的宠儿，常常被扔来扔去。他患有癫痫病，9 岁首次发病，之后间或发作伴其一生。1849 年 4 月 23 日他因牵涉反对沙皇的革命活动而被捕，并被判于 11 月 16 日执行死刑。在行刑之前的一刻他才被改判成了流放西伯利亚，上帝将这个走到地狱门口的倒霉蛋又捡了回来。

1864 年他当时的妻子和兄长相继逝世，他还需要照顾兄长的家人，这使得他濒临破产。他希望通过赌博来还清债务，却欠下更多债务，整个人陷入消沉之中。

为了躲避债主，他被迫到了欧洲。出版商答应给他预付款，但是要求他在半年内写一部长篇小说。陀思妥耶夫斯基当时正在写《罪与罚》，没有时间再写一部，但是出于生计只得同意。1866 年他的代表作《罪与罚》出版，可视作近代世界推理小说的鼻祖。陀思妥耶夫斯基以口述方式，同时“说”不同的三篇小说给三位秘书写，堪称文学特技。而此时距离另一部长篇交稿期限只剩一个月，还没有写。在朋友介绍下，他认识了速记学校的高才生安娜，两人高效率地工作，在一个月内完成了《赌徒》，于 1867 年出版。同年两人结婚，在安娜的鼓励与帮助下，他的生活才开始安定下来。1868 年他完成了《白痴》。1872 年完成了《群魔》。1873 年开始他创办《作家日记》期刊，很受欢迎。1880 年他发表了《卡拉马佐夫兄弟》这部他后期最重要的作品。1881 年陀思妥耶夫斯基准备写作《卡拉马佐夫兄弟》第二部。2 月 9 日，他的笔筒掉到地上，滚到柜子底下，他在搬柜子的过程中用力过猛，结果导致血管破裂，当天去世，弥留前妻子为他朗诵《圣经》，后葬于圣彼得堡。

这是多么糟糕的人生苦难史，陀思妥耶夫斯基仿佛就是被上帝扔来扔去的人，随时都在死亡的边缘徘徊；这又是一颗多么伟大的灵魂，在无比凄惨的逆境中，创作出那么多脍炙人口的文学巨著。他值得尘世的每一颗灵魂向他敬礼。

02

村上春树说："陀思妥耶夫斯基以无限爱心刻画出被上帝抛弃的人，在创造上帝的人被上帝所抛弃这种绝对凄惨的自相矛盾之中，他发现了人本身的尊贵。"

尼采说：“生命是一条毯子，苦难之线和幸福之线在上面紧密交织，抽出其中一根，就会破坏整条毯子，整个生命。”生命，要通过落魄去领悟坚强，通过叛逆去领悟真我，甚至通过暴力去领悟文明，通过战争去领悟情感，通过血腥去领悟一朵花儿的芬芳，通过死亡去领悟新生……多少人在讲述他们的人生故事，可谁听得出，是那挟裹着一世沧桑的心，在流露着他们对生命无尽的眷恋和感恩？

生活赐给陀思妥耶夫斯基如此多的苦难，他又是怎么对待它们的呢？他说：“我只担心一件事，我怕配不上我所遭受的苦难。”

是啊，不是每一个灵魂都配得起那些苦难的。那些苦难的沙子，会将一个伟大的灵魂磨砺成最耀眼的珍珠，陀思妥耶夫斯基就是其中最亮的那颗。

苦难在他的人生深处掀起一浪高过一浪的海啸，即便如此，我们依然能够听到他那份恬淡的心声。在与苦难搏斗之余，他会用最柔软的手帕，轻轻擦拭额头，深情地坐到窗子前，向窗外的每一片绿叶、每一朵花点头示意。在他看来，上帝哪怕只给他一个风平浪静的日子，都是一种恩赐，他都要充满感激地去回味：

“当我十岁那年，冬天，我常常喜欢闭上眼睛，想象着一片树叶——绿油油的，亮晶晶的，上面有叶脉，阳光在闪耀。我睁开眼睛，都不敢相信，因为这太好了，于是又闭上了眼睛……

“树叶是好的，一切都好！”

被生活抛弃的人，他相信，他依然可以在人间扎下幸福的根。

03

博尔赫斯，这位阿根廷最伟大的作家，诞生于一个患有遗传性失明症的家族。他用一双视线模糊的眼睛阅读了大量的书籍，对众多喜欢博尔赫斯的读者来说，他脑子里的书抵得上阿根廷的国家图书馆，而且更加生动、出色。博尔赫斯最后二十多年的创作，是在视觉完全黑暗的状态下进行的。他甚至不得不放弃了对短篇小说的挚爱，去创作对于盲人来说更适宜记忆的格律诗。这种黑暗我们不能用轻浮的黑暗来形容，它更像是海洋的深处，那种真正的、没有任何生命能存活下去的冰冷的深处。可是，正在深渊中的博尔赫斯表达自己的感受时，却说那感觉“像夏日的黄昏缓缓降临”。

暮色黄昏，天空开始缀满在白天隐藏起来的星星。这是失明的博尔赫斯感受到的美，痛楚而又无法逃避的悲凉的美。他赶走了那些喧嚣和躁动，把自己留在一个花园里。有时候感觉自己很轻，如同坐在一片花瓣上，听悠扬的晚钟，听风车的转动，那些小生灵再不怕他，他也不再惧怕任何事物，世界一下子平静了。

生活不再那么烦琐、庸碌，而是瞬间变成了一件精美的瓷瓶，他似乎看见了它光洁的肌肤闪着诱惑的光。甚至，他数清了那停留在瓷器上的蝴蝶的翅膀上的花纹。

像夏日的黄昏缓缓降临。这短短的一句话够人回味一生。它瞬间震撼了我，让我对生命多了一份领悟。如何把生命的精彩进行到底，如何以豁达的心来面对苦难和死亡？成了一种灵魂的追问。他令我同时想到了贝多芬和勃拉姆斯，想到他们临终前的从容和豁达，他们都喜欢喝酒，不仅这一生与酒结缘，似乎还与酒神定下了来生之约。他们临终前说着关于美酒的谐谑的话："好酒啊，果然名不虚传！"没有丝毫哀伤，相反却有一种对悲苦命运的嘲讽之意。

苦难可以毁掉他们的身体，却永远无法摧毁他们的意志，永远无法阻挡他们向上的心灵。而在漫漫人生中，始终陪伴在他们身边，呵护、慰藉他们灵魂的，是香醇的葡萄酒。这些被葡萄酒的芳香环绕着的灵魂，让我们始终相信，苦难和死亡不是结束，只是另一种征途的开始。

人世间的种种苦难，如果你躲不过，那么就勇敢地面对它吧。

无声的、黑暗的世界里依然有它自己的美，正如失明之后的博尔赫斯看见了满天星辰。

你能作茧自缚，就能破茧成蝶

即使心上或多或少有一些污点，

只要懂得用忏悔的手帕去擦拭，

那颗心就一定还会干净如初。

01

天空没有一朵云是脏的，所有的云都絮着柔情，藏着眼泪。在擦拭天空的同时，它们也在清洗自己，让自己时时刻刻保持洁白。

我所在辖区的监狱里有这样一个女犯人，她总是把自己的头发梳得整整齐齐，衣服也板板正正没有褶皱，一有闲暇，便认真检阅一下自己，不允许身上有一丁点的污渍，不让自己有一点邋遢。只是，她是伤感的，一声声叹息就像簌簌而落的叶子，听着不免让人动容。监狱长担心她得抑郁症，让我们多留意她一些，防止她有轻生之念。

她叫云，人如其名，举手投足间尽显优雅，让人无论如何也想不到是个正在服刑的女犯人。

监狱长安排了一次一对一的感化教育，我谈话的对象就是云。这是一次很成功的交流，我们彼此都说了很多。她讲她的过往，一桩桩一件件，虽然有着切肤之痛，但从那痛苦里也磨砺出了一种安静和满足，璀璨如珍珠。只是因为那一次失手，一个完美的瓷瓶就破碎了。

因为自己15岁的女儿被一个小混混欺负，温柔的云竟然拿起水果摊上的一把刀子冲了过去，所幸那个人命大，抢救了过来，却也造成了终身残疾。

温柔贤惠的她，那一刻竟然如同一头暴怒的狮子！

她说自己一直都是女儿的骄傲，可是现在，自己让女儿多么难过啊，以后女儿在同学面前会抬不起头来的，因为有了一个坐过牢的妈妈。

哎！她不免又叹息起来，一片叶子落下来。

她说女儿的爸爸在女儿刚刚3岁的时候就出车祸去世了，她始终没有再嫁，自己一个人一边工作一边把孩子抚养长大。在外人看来她是清苦的，她却觉得和女儿相依为命很幸福，女儿是她的全部，她的命根子，她不允许任何人伤害她的女儿。所以，那一刻脑子里只想着女儿被人欺负了，她要保护女儿，却没考虑过严重的后果。

进监狱后，女儿只来看过她一次。女儿哭着对她说，一个人生活很辛苦，上学经常会迟到，做饭也总是糊锅，好几天没吃到菜了。她心如刀绞，向女儿忏悔："都怪妈妈，妈妈太冲动，犯下这个错误，让你一个人在外面受苦了。"

女儿说同学们都知道了这件事，她每天都要被别人嘲笑和白眼，她正在考虑要不要退学。

她便更加自责，一遍遍地捶打自己。女儿似乎不肯原谅她，从那以后，再没来看过她。

她每天唯一的企盼就是能看到女儿，担心女儿会嫌弃她，她总是尽力把自己拾掇得干干净净，不让自己身上有颓废和腌臜的气息。

“女儿会原谅你的，再说，你的冲动也是出于保护她的目的，她会懂的。”我安慰她。

哎！又一片叶子落下来。轻轻的叶子落在她的心头，让她有些无法承受。

“我已经碎了，脏了。”她说。

“不，你没有碎，你仍是完整的。”我说，“你见过天空上有脏兮兮的云吗？”

她自嘲一般地说：“其实云也有脏的，比如乌云。现在的我就是乌云，表面上看干干净净，事实上却已经脏了。”

“不，”我纠正她，“乌云不是脏，它是在孕育一场雨，一场雨过后，它会变得比以前更洁白。你的女儿也肯定会喜欢这朵比以前更洁白的云。”

“你是说，我的孩子会原谅我，还会来看我，是吗？”

“当然啊，不信你看，那是谁？”我用手指着窗外正一路小跑着向这里飞奔的一个婀娜多姿的少女，像一只蝴蝶，煽动着满世界的香气。

“是我的宝贝女儿。”她不停地擦拭着眼睛，不敢相信这是真的，“这到底是怎么回事啊？”

“都是监狱长想得周到。”我告诉她，“从你进来的那一天开始，监狱长就一直很关注你，看你行为怪异，担心你会想不开做傻事。得知你有一个相依为命的女儿，就去你女儿的学校做她的思想工作，还和学校的校长、老师说了你的事情，让他们理解你一个做母亲的心。现在，学校里的孩子们已经不再排斥你女儿了，你女儿的学习成绩也稳步上升。你女儿还说，等成绩单出来了，要拿给你看呢！”

我看到她的眼泪涌出来。

看着她和女儿紧紧相拥在一起，我终于松了一口气。

这次感化教育，让我深切体会到，人的心都或多或少有一些污点，但是只要懂得用忏悔的手帕去擦拭，那颗心就一定还会干净如初。

决定我们成为什么样的人的，不是我们的能力，而是我们的选择。

愿有岁月可回头，只因为天空的云，本来没有一朵是脏的。

02

从一个青涩的大学毕业生到副市长，40岁的他，仕途上一马平川，履历辉煌，就如同塞满了一抽屉的珍珠、玛瑙、翡翠。

然而就在40岁以后，他的人生发生了转折，如同一道分水岭，将他和曾经的那些光环、荣耀永远隔开。

在一项大型工程的招标中，他为熟人开了绿灯，收受大笔贿赂。他犯了受贿罪，锒铛入狱。连他自己都没有想到，这人生的变故竟如此迅速，就像夜晚和早晨的距离，中间只隔着一个梦，很短的梦，噩梦。

他被没收了所有财产，妻子带着孩子离去，那些“铁杆朋友”避之唯恐不及，从没有来监狱看过他一次。

从天堂到地狱，这样的反差让他的心如有万千只虫子在啃噬。他心如死灰，自杀了两次，都被及时救了过来。

人生重要的不是你所站的位置，而是所朝的方向。

让他的心发生质变的是一次演讲。那是监狱里开展的一次主题为“拯救心灵”的演讲比赛，要求在押犯对自己的罪行进行反思。监狱长点名要他参加，并将他安排在最后一个出场，给予他很高的期待。果然，他的演讲异常精彩，高潮处声泪俱下，最终不负众望得了第一名。不管是管教还是服刑人员，都对他报以长时间的掌声，这些真诚的来自内心深处的掌声，让他深受感动。更让他意想不到的是，颁奖的时候，一个女狱警竟然还跑上台来给他送了一束鲜花，丝毫没有把他当成一个囚犯来看待。这束花在他的心底产生的震动也许不亚于一场七八级的地震！

也就是从这次演讲开始，他的心灵之树重新发了芽。

他终有所悟，当一个人的心灵被欲念缠绕的时候，就会看不清前面的路。而改过自新，就是找到了一块抹布擦拭心灵上的尘灰污垢。

由于在狱中表现良好，并且举报了其他人的贪污事实，他被减刑提前两年释放。

一次错误，让美满的人生发生了转折，急转直下，跌到谷底。可是一次悔悟，也可以让那颗跌落谷底的心再一次发生转折，不再自暴自弃，而是开始向着阳光的方向攀爬！

在顺境中修行，永远不能成佛。相信自己，你能作茧自缚，就能破茧成蝶。

活着，

就要热气腾腾地活着

身边的水凉不可怕，

耳畔的风冷也不可怕，

只要你是热的，

那水、那风都会跟着一点一点暖过来。

01

在生活的水面上，有的人可以成为浮萍，有的人可以成为航标。

近来事业上有些不顺，我找不到发泄的出口，便常常在晚上和父亲通电话，不停地抱怨，说时下的人际关系，冷得让人心寒。“如果你不主动和他们说话，这一天怕是都没有一个人愿意搭茬。”我感慨着。“那么你就去做那个主动的人吧，又不损失啥。”父亲简单地开导我，接着就转移了话题，让我觉得父亲对我真是不够关心。

“你还记得咱家这儿，那个常年卖豆腐的会唱京剧的人吗？昨儿个，他死了。”

我当然记得，我对那个人印象很深。那是一个身材矮小的人，打了一辈子光棍，每天推着自行车去集市上卖豆腐，他有一个喇叭，却从来没有听过他吆喝，而是把这喇叭当了麦克风，唱着韵味十足的京剧。人们听惯了，所以不用他吆喝，也会纷纷买走他的豆腐。这一个行当，他竟然干了 20 年，曾经油黑的头发如今被霜雪覆盖。

“你知道昨天我们是怎么给他送殡的吗？你都猜不到，他或许预感到自己大限将至，临终前把一个老式的录音机交给邻居，里面都是他自己唱京剧的录音，他说给他送殡的时候就放这个，他想走得开心点儿。”

02

那个时候，小镇上死气沉沉，除了孩子们蹦蹦跳跳地玩着游戏，看不到大人们有什么娱乐。直到他来了之后，小镇上才开始热闹起来，他似乎把唱戏当成了主业，而卖豆腐则成了副业。在人们的喝彩声中，他更是兴致勃勃，一曲接着一曲不停地唱。

“可是，这和我有什么关系呢？”我终于忍不住“质问”父亲。

“我要说的就是这个。”父亲说，“你知道吗，他最开始卖豆腐也是吆喝的，和别人无异。加之他的身材长相，人们对他很是不屑一顾，别说没人和他说话，就是多看他一眼都会让他觉得是一种奢望吧。换了别人，怕是就那样活在世间的冰窟窿里了吧，可他偏不，他说他相信自己会让小镇上的人不讨厌他，甚至喜欢他。果然，就像你看到的那样，他弄了个大喇叭，高声唱着韵味十足的京剧，还真是博得了人们的好感。他乐于助人，有什么能帮上别人的，总是不遗余力去帮。这么多年，他成了大家的朋友，大家都愿意和他谈心。昨天给他送行的人很多很多，黑压压一片，可没几个是他的亲戚，都是这么多年听惯了他唱的京剧的人啊。”

父亲渐渐把话题转移到了我身上："周遭的冷漠，与你也有干系，你莫要一味地去怪别人的冷，你要先想想自己，是否也有足够的热量。你有多少生活热情，就会感染多少人。你看过打铁匠吧，他们把烧得通红的铁扔进冷水桶里，桶里的冷水便快速地热起来，往外冒着气泡。我相信你，不久之后，也会让那些冷冰冰的水都热起来。"

我忽然有一种茅塞顿开的感觉，那卖豆腐的小贩不就是一块烧红的铁吗？他的内心怀揣着巨大的热情，终于使冰冷的周遭变成温暖的海洋。每一个人都应该做那样一块烧红的铁，让身边的水热起来，试着用自己的热情去感染别人。

在以后的工作中，我用火一样的热情为自己创造了许多不可估量的财富。我始终坚持一个信念：活着，就要热气腾腾地活着。就算忙得不可开交，也要尽量去做一个快乐积极的陀螺，一个冒着热气儿的陀螺，用自己热情旋转的舞步，把身边的冷风都扇动起来，成为一股股爱的热浪。

身边的水凉不可怕，耳畔的风冷也不可怕，只要你是热的，那水、那风都会跟着一点一点暖过来。

03

一个人的心灵，如女人的皮肤，是需要不断滋养的，要补水要防晒，也要以内养外。而善行，是最好的护肤品。因为善意，总是闪着动人的光泽。你做的每一件善良之事都是一粒耀目的珍珠，你行善的一生，定会穿出一串美丽的珍珠项链。

常常感念那样的情形：鸟儿怀着感恩的心在地上啄着米粒。

每颗米粒都是善意的，鸟儿来不及说谢谢，只是把自己的头，降得一低再低。我想那些米粒一定会在鸟儿的心里发芽，会开出暖来。

母亲就是那样的一只鸟儿。小时候家里穷，母亲在深秋的时候，总是出去“捡地”。“捡地”就是去大地里捡拾农人秋收后遗落在地里的粮食。每次母亲都要走上好几十里的地，背回来半麻袋瘦瘦的豆秆儿，脱了皮，最后能收获一海碗那么多的黄豆吧。母亲一点点地积攒着，然后用它给我们换豆腐吃，那是儿时我们所有的营养来源。

我永远忘不了母亲筛豆子的情景，她把每一粒豆子都当成了珍宝。有一次，我看到她匍匐在地上，不停地在柜子底下伸手够着什么，后来才知道，她在找一粒和她捉迷藏的淘气的豆粒。

就是这样无比珍爱着粮食的母亲，却做了一件令我在当时有些无法理解的事情。

那天，家里来了一个乞丐，那是一个上了年纪的老人，骨瘦如柴，走路直打晃，让人不免担心，如果风再大一点，就会把他吹倒在地。

他向母亲讨些吃的。母亲慷慨地让他吃了一顿饱饭，最后还不可思议地从装黄豆的口袋里舀出一碗豆子，放到了他的袋子里，对他说：“路过豆腐坊的时候，自己换碗豆浆喝吧，你太缺营养了。”

乞丐老泪纵横。他知道，他眼前的人间，因为那些黄豆粒，又重新升起了温暖的烟火。

善，不分大小。生活中的一些小事儿，都可以镀上善的光辉。

比如母亲总是劝我：别总是跟路边起早贪黑的小贩讨价还价；走路的时候顺道帮着推一把上坡的人力车；给卖烤地瓜的老人零钱，别用一张崭新的百元大钞让他惶恐；把钱递到乞丐手里，而不是扔给他……

一个工地上的民工们每天下班后，都要走过一座桥，桥的那边是他们的家。与此同时，无数车辆从桥上呼啸而过。

我想拥有某种神力，把这座窄窄的桥撑开，哪怕再多一列人行道，让那些着急回家的人，早一刻见到爱着的人。但我知道，我永远没有这样的能力，只能尽可能地靠向栏杆一侧，为他们让路，这是我能给予他们的，唯一的辽阔。

在我所处的矿区流传着这样一个久远的故事：

一个老矿工，为了救一个年轻的矿工，被砸死了。那个年代根本没有死亡赔偿，矿上只给了一点微薄的抚恤金。老矿工家里有妻儿，还有一个上了年纪的老母亲。他们每日里提心吊胆地盼着他平安归来，却终于还是没能躲过这个劫难。一个家庭的顶梁柱没了，家也就塌了。

从那天起，每个升井的矿工，都会挑一块儿闪闪发亮的煤，藏到衣兜里。路过老矿工家里的时候，随手扔进院子里。日子久了，那里慢慢地就攒了一堆煤。

我愿意将那堆煤称作善良的火山。那一块块煤就是矿工们的一颗颗心。

作家毛志成曾经说过，人生的一个高境界，就是做一个生动的人。我想，这份生动里面，善良是断不可少的吧。

善良，往大了说是人间大爱，往小了说，就是一粒米、一块煤。一粒米，虽不及珍珠璀璨，但它含满暖意；一块煤，虽不及金子夺目，但它充满热情。

如果你选择去做一颗米，那么一定要吸足够多的阳光，饮足够多的露水，让自己饱满；如果你选择去做一块煤，那么一定要攒足够多的热量，聚足够多的沉默，等待有朝一日，厚积薄发。

只愿这人间，多一些这样的米粒，多一些这样的煤块。

善待属于己身的唯一皮囊，
拥有不会陈旧的有趣灵魂，
即使深陷泥沼，
也有活完一生的
天真与骄傲。

连自己都不爱，

怎能与别人相爱

强大的，

追寻将来，无止境的将来；

柔弱的，

迷恋过去，一片叶，一阵风尘。

01

许多年前，我在 QQ 上认识了“忘情”。她说她正在经历人生的雨天，因为丈夫的背叛。

她说她的内心时时刻刻被仇恨包裹着，她不再相信感情，她说她的生命中不会再有阳光。

透过屏幕，我感觉到了一颗潮湿的心，布满青苔。那些过往的岁月像那些生生不息的植物，越是想忘记越是疯长，折磨着她的分分秒秒。

她在那边无拘地倾诉，我在这边安静地倾听。我不知道该怎样安慰她，那一刻我感觉到了语言的苍白。就这样，我们成了朋友。我的倾听让她的疼痛有了些微减轻。

又一个孤独的夜里，我打开电脑，上了线，看到好友栏里的她依旧是黑白照片，她不在线，或者在隐身。

思来想去，我给她留下了一句话：心若潮湿得久了，会生细菌，去晒晒太阳吧！

我对她说，生活也如同我们在线上聊天一样，不要总是隐身，拒绝好友们阳光般的问候，把自己弄成旧时代的黑白照片。要学会敞开自己，打扮自己，让自己灿烂。

我打字用的是拼音输入法，由于疏忽，把她的名字打错了，竟然把

“忘情”打成了“望晴”！这个错误让我眼前一亮：“望晴”不是比“忘情”好吗，毕竟一个是充满希望的，而另一个却如死灰般绝望。

一个多么好的“笔误”！

我便顺理成章地为她改了名字：“望晴”。我解释道：“‘望晴’是一种积极的人生态度，是一颗向上的心；而‘忘情’是消极的，沉溺于伤感的泥沼，毁灭着所有美好。”

没想到她马上就回话了。果然，她在隐身。

她说，阳光只能照着她的身体，照不到她的心。正因为无法忘情，所以希望自己失忆或者长眠不醒。

我开导她说，人的生命中除了爱情，还有很多值得热爱的东西。你不一定要重新开始一段爱情，但你至少可以在亲情和友情那里得到些许安慰。

我知道那些安慰的话在她那里收效甚微，可是我没有放弃，仍旧孜孜不倦地开导她。我一门心思想要把一颗顽固的心从泥沼里打捞出来！

后来的某一天，我看见了好友栏里的她，光灿灿地在线上招摇，而且还为自己定制了鲜艳的衣服，花枝招展的，异常美丽。而且，我看到她的名字也悄悄地换成了“望晴”。她的个性说明上写着：相信自己会望到晴天！我如释重负，仿佛看到了阳光下一株即将枯萎的植物又顽强地活转过来。

在生命的历程中，当你经历苦痛的时候，是否想过，人生可以有另一种解释，它可以让你从生活的背面走到阳光中来。

02

荷尔德林30岁时，依然不得不作为一个贫穷的家庭教师和到处流浪的“可怜虫”，在别人家的饭桌上蹭饭。他像个大男孩一样，感谢母亲和祖母送来的手帕和袜子等必需品，而且还不得不忍受这两个失望的人温柔的、一年比一年更令人心痛的指责。他痛苦地听着这指责，绝望地对母亲叹道：“真希望您能让我安静一会儿。”但是他不得不一再叩响那扇在这充满敌意的世界上唯一对他敞开的门，并一再向她们祈求：“你们要对我有耐心。”最后，他终于伤痕累累、精疲力竭地倒在了门槛上。

母亲伤心至极，如果可以换回来他的命，她宁愿一辈子做个哑巴。她真的不懂他单纯又深邃的心啊！而这世间，能懂他的人，也是寥寥无几。

法国著名作家罗曼·加里作为一个正直的作家，以笔为武器，对所处社会的弊病和痼疾一直进行无情揭露与深刻剖析。但战后社会状况与曾经作为战斗者的作家所期待的局面相距甚远，社会矛盾空前激化。他深感自己的笔挽救不了社会，渐生弃世之心，在66岁的时候选择自杀身亡。但是关于他的死，还是有很多其他的猜测，有人说他是玩腻了。

他的人生可谓是精彩纷呈，出了几十本书，享誉世界，两次获龚古尔文学奖；当飞行员参加过战争；当过外交家；当导演拍电影；和好莱坞女影星琼·塞贝格一见钟情；和爱人环游世界……这些经历一个人恐怕几辈子才能做到，但他66岁前都做到了，他的人生哲学恐怕这世界上没几个人能通晓。可能真是觉得人生没什么动力了，他也就想告别了。

也有人认为，他用化名再一次获得龚古尔文学奖后，内心一直不安。真相一旦暴露，不理解罗曼·加里初衷的广大读者会误解他欺世盗名，对龚古尔文学奖的10位德高望重的评委的自尊心也会造成伤害。随着时间推移，他这种心理负担愈来愈重，要让社会明了自己的本意，让崇尚名气的陋风有所收敛，似乎只有一死最见诚意。

而对于罗曼·加里真正的死因，我们与其说是不知晓，不如说是不懂。

你做的事情往往都是你认为对的，却不一定真是对的。

03

有位90多岁的老人每天都从我的家门前走过几趟，我体会到了时光在他身上的漫长。但是每次坐在墙根下晒太阳时，我都看得到他的微笑。不是苦笑，不是生硬的笑，是淡定而温婉的、迷人的笑。我不懂，一个坐在死亡门槛上的生命，如何能笑得如此从容。

我那时不懂，所以在心里认定了，选择长寿就是选择了漫长的衰老，选择了一种煎熬。

强大的，追寻将来，无止境的将来；柔弱的，迷恋过去，一片叶，一阵风尘。我便是那柔弱的人，这大概就是我常常怀着无限乡愁的根源。

米粒儿做事缓慢，喜欢磨磨蹭蹭，一点儿痛快劲儿都没有，常常惹得我们发火。比如早晨，我急着上班，她急着上学，老婆一边做早餐一边给她准备衣物，还要给她梳头，常常手忙脚乱。可是她却总是没个着急的样子，照样慢悠悠地洗脸刷牙和吃饭。为此，她没少挨我们说。

那天放学，碰到米粒儿的老师，聊了几句。老师和我说，她发现米粒儿有一个最大的优点，那就是不管多大的事情，都能做到风轻云淡。这种淡定从容的心态，在未来的路上一定会对她有特别大的帮助。

啊？那不是我们一直厌弃并想让她尽力改正的缺点吗？

这时候我才理解了毕淑敏的话：凡是自然的东西，都是缓慢的。太阳一点点升起，一点点落下。花一朵朵开，一瓣瓣落下。都慢得很啊。那些急骤发生的自然变化多是灾难，比如火山喷发，比如飓风和暴雨，比如山崩地裂和海啸……身体也是慢的。一个孩子要长大，是很慢的。

一个人睡觉，也是很慢的，要很久很久，从日落到日出，人才能休息过来。所以，微笑吧，让你的生活走慢一点。

04

约翰·列侬五岁时，他妈妈告诉他，人生的关键在于快乐。上学后，人们问他长大了要做什么，他写下“快乐”。人们告诉他，他理解错了题目，他告诉人们，是他们理解错了人生。

多少人的不懂，如刀刃，把人生切割得支离破碎。

人生，说白了是自己一个人的一生，让自己快乐，让自己的心灵得到妥帖的照顾，就是最好的一生。

生命中有太多的刺痛和悲伤，使得那些美好更为深重。你是否依然愿意相信那些美好，并且等待？

我愿意。

我愿意，我相信，灌木丛上会落下星星，冬天穷人的房檐上会挂满钻石。

我相信岁月，相信时针、分针和秒针，顺着同一个方向，分别如蜗牛、乌龟和梅花鹿的步子，追赶着看不见的美好。

我相信爱的存在，它温暖的是你日渐凋落的灵魂，也温暖着他人疑虑重重的眼神。

我愿意相信一个承诺，并且等。等待，使所有的冬天和生命温暖。

学会爱自己，这并不是自私，只有爱自己才能获得真正的幸福。

在飞机上，广播里也会说“氧气面罩脱落时，请先自己戴好，再帮助身边的人”。可见爱自己是多么重要。爱自己，就是对自己宽容，为自己感动，为自己流泪，允许自己有做错的时候。我们也许都爱过一位老师，爱过一个婴儿，爱过一朵花、一首歌。其实，只要你把这种爱注入自己的心灵，给自己带来温暖与力量，让生命的活力重新循环流动，你就能获得一定的解脱。学会与烦恼和苦难相处，人才会变得轻松快乐和坚强！

许多事，被放牧，被采摘，被收割，那是多么美丽的一幅画。我开始在这个回忆的早晨给自己写一封情书，我要好好爱我自己。

因为我知道，连自己都不爱，怎能与别人相爱。

阳台
是天堂的隔壁

阳台是天堂的隔壁。

天堂虽好，

但我更愿意住在天堂的隔壁。

因为，

天堂也有失火时。

隔岸观火，

顺便数一数天堂里，

跑出来多少天使，

又有多少女巫，

混迹其中。

01

我有一个叫皖心的南方学生，一个爱花的女子，她的阳台上铺满养眼的绿植。每一朵花开都会引起她的惊叫，她用手机拍下它们，用文字描述它们，美好而愉悦。某一个早晨，她说："我这里是大雨过后，坐在阳台的摇椅上遥望远山晨雾，楼下的白玉兰像刚刚出浴的少女，清新脱俗！这就是我的星空。"

另一个早晨，她写道："今天，太阳花开一朵，辣椒鼓起了小花苞，草莓又胖了些，长寿花开满一盆，小橘苗又长出两片油亮的叶子，碗莲终于擎着小绿伞伸出盆口，三角梅蓬勃生长的姿势和楼下翠绿翠绿的樱树有一比，房间里的音乐也没能压住对面公园里的啾啾鸟鸣，想起地球上那些发生战乱的国家，想到那些被炮火惊扰的人们，我想，我的花儿，也是幸福的。"

我仿佛看到了她在阳台上，曼妙地活着的姿态。

可是有一天，她忽然就销声匿迹了，作业不见她写，给她留言也不回。一直表现活跃的她不再参与讨论，朋友圈许久不见更新。我辗转从别人那里获知，她的丈夫得了很重的病，需要她全心全意地看顾。生命中猝不及防的意外，让一个活泼开朗的人变得忧郁寡言，瞬间枯萎下去。

她的阳台，也会随之暗淡吗？

02

和她一样，我的妻子也喜欢把绿植都放到阳台上，阳台是楼房的额头，触碰着这个尘世最早的阳光、月色和风。我把摇椅搬到阳台上，呼吸花香，看着鸟儿就落在我的眼眉上方。我想我和我的摇椅，也都是幸福的吧。

亲爱的，每当我说爱你的时候，我都喜欢到阳台上来。我环抱你，在那些正在开放的花朵前面。我在阳光下爱你，这多么美好，全世界的冰都消失不见了。就像阳台上的摇椅，经了一夜的寒凉。此刻，在阳光的抚慰下，渐渐暖了过来。

我的阳台很小，小到仿佛自己变成了一颗心脏，感应着发生在这里的事。

有几个鞋盒子，装着几双不穿的鞋。如今这个年代，我们很少会再去见证一双鞋子的衰老。它还年轻，只是因为式样过时了，便被我们抛弃。还有一棵原本很好的白菜，刚开始放一天没什么变化，放两天也没什么变化，具体是从哪一天开始变化的无人知晓，总之，某一天再看它，已经萎缩得如同一个病人。再然后的某一天，想扔掉它的时候，又发现，它最中间的芯竟又发了新芽。

更多的人，把阳台当作储物间，在他们看来，阳台是房子里最不起眼的地方，而在我看来，即便你美如貂蝉，圣如孔子，也总要出恭，所以，厕所并不比闺阁和书房低贱。那么同样，阳台更是修身养性之所。

妻有两个从小一起长大的好姐妹，娟和霞，她们三个各有千秋，都喜欢在我家阳台上谈心聊天。此刻，三个女人坐在阳台上，像三只小鸟一字排开，梳理着羽毛，晾晒着各自生活里的欢喜与悲凉。

阳台没有秘密，那是所有秘密公之于众的地方。阳台没有阴谋，在阳光下，所有龃龉都无所遁形。

那里也是猫的居所。它的夜晚和白天，迥然有别。夜里，它嘤嘤哭泣，令人不安；白天，它慵懒缱绻，又令人爱怜。

还有一只神秘的鸽子，它偶尔会来，又一连好多天不见踪影，如隐者避世。但每一次出现，都带着一大捧光。

03

我在阳台上看远方的云朵，不停地落了又走，走了又落。看近处的修锁的小摊前，挂着一排钥匙，风吹过，钥匙们叮当作响，像一串风铃。那个画面如同一首诗。我被锁在一首诗里，哪一把钥匙可以打开我呢？

阳台是天堂的隔壁。天堂虽好，但我更愿意住在天堂的隔壁。因为，天堂也有失火时。隔岸观火，顺便数一数天堂里，跑出来多少天使，又有多少女巫，混迹其中。

我通过我的文字，告诉那些悲伤的人，疼痛的时候，你要有勇气走入阳台，让阳光去缝合你的伤口。我希望给予世人的祝福是，愿你拥有你的阳台，这天堂的隔壁，比天堂更令人心生美好。

忽然有一天，我再次收到了皖心的作业，她不再避讳自己的悲伤，她说她不想做被太阳抛弃的孩子，她要把这些悲伤拿到阳台上去晒一晒。这多么令人欢欣鼓舞！她又一次发给我阳台上那些绿植的照片，依然配着温暖的文字。她终于像一朵被苦难点化的花一样，披着袈裟归来。

把伤痛

交给时间疗愈

一个寓言故事说，

一位国王想找一句最有哲理的话刻到他的戒指上，

以时时警醒自己。

大臣们冥思苦想，

最后有人建议刻上这几个字

——一切都会过去。

01

我一个相处得很好的同学得了肝腹水，正在为病痛发愁时又下了岗，曾经开朗乐观的人一下子萎靡不振，躲在屋子里好多天没有下楼。

我们几个要好的同学商量好，在周末，拎着美食和补品去开导他，一大帮人整整开导了大半天，终于有了点儿效果，久违的笑容重新回到他脸上。大家说起让他跑步锻炼的事，他说身体不好，走几步就疼得受不了，更别说跑了，很难坚持的。我建议说：“不跑，那就慢走，给自己定个目标。每天早上走两公里到父母家问声好，说声我来了，坐一会儿，或者一起吃个早餐，或许只是喝杯水，然后说声我走了。一个来回四公里，既锻炼了，又看望了父母，岂不很好！”

有工作忙的时候，没有时间去看望父母，现在闲下来了，为何不去看望一下呢？

邻居吴奶奶八十三岁了，嚷嚷着要去北京。儿女们说她走不动，她就开始锻炼。每天拿个小板凳，楼上楼下地走，累了就坐在板凳上歇一会儿，然后接着走。就这么坚持锻炼半年，终于在儿女们面前证实了自己的身板还硬朗着，可以圆去北京一游的梦了。

过了不久，北京游终于成行，吴奶奶美滋滋地在天安门前照了相。

只要你肯，只要你有那样的信念，一切都可以成为指引你向上的力量。

02

朋友老唐是个残疾人，一辈子都在蹲着走路，他十三岁离开了年迈的双亲，一个人蹲着走向了陌生的县城。用一块破布给人擦鞋，开始了自己谋生的路。

许多人都觉得他可以去申请民政救助，老唐说：“我没有健康的双腿，可是我有好使的双手。”他用这样一颗站着的心在人生路上努力地挪过来挪过去，如今他四十五岁了，拼了许多年，做起来的工厂养活了很多个家庭。可是他糟糕的身体和倒霉的运气，使他的工厂持续亏损。为了给工人正常开支，他四处借钱，欠下很多债。我们帮他出主意，将工厂抵押给银行，宣布破产。可是他不，就这么一直坚持着，所有的努力不是在赚钱的途中，而是在无限的还债的路上。

每天晨练的队伍里，他是很独特的一景，看上去活得劲劲儿的，一副天天向上的样子。但有时候他也会困惑无助，觉得自己在一条孤绝的路上奔波劳碌，也曾听到他的叹息——“我死不起。如果可以一死了之，我早就解脱了。活着，我没有亲人了，可是我死了，就会害了曾经帮助过我的人，我欠下的不仅仅是钱，也是一份难得的情谊啊。为了还债，我必须活下去，努力活下去！”

老唐在用自己的责任心扛起艰难的人生。而我们有些人，站着的只是身体，一颗心却是蹲着的。

蹲着走路又有何妨？用他的话说就是，当你从地上抬起脚，其实，你就已经走在了天空中。

我坚持晨跑已经一年有余，跑步虽然是件很枯燥的事，但是身边的风景却带给我们太多的享受和鼓舞。这些晨跑的日子，让我心生许多感慨。不仅仅身体得到锻炼，灵魂也跟着得到了某种程度的修炼。

枝叶间投下的斑驳碎影，在跑动摇摆的肩膀上游弋而过，有着一种动感而又含蓄的美。头顶上的蓝天，像是被白云仔细地擦洗过，蓝得通透，蓝得晶莹，一眼望过去就会被那样的蓝所接纳，所融化。身边或慢跑或散步的人，都是热气腾腾的生活里的舞蹈者。戴着帽子一前一后漫步的老夫妇，提着剑打着拳的小团体，跳韵律操的方阵，推着孩子的年轻父母，带着宠物狗出来散步的行人……也许人们有很多身份，西装革履的高官，腰缠万贯的商贾，热情服务的私营店主，刻苦读书的莘莘学子……但是一旦换上休闲装，穿上运动鞋，除了年龄和性别的差异，我们都是一样的，都是一群热爱生活，渴望健康和幸福的人，而一切的不开心终将随着时间消逝。

热爱生活，你的灵魂自然就会天天向上。

03

朋友和我讲过一个她自己亲身经历的事——

“我们公司有一个不成文的规矩：任何一个同事去茶水间倒咖啡的时候，都会主动询问坐在同区域的其他同事是否也需要喝咖啡，顺手帮有需要的同事倒上一杯。可是有一个和我同区域的某个男同事，从我进公司的第一天开始就一直当我是透明的。他会挨个挨个地问别的同事是否要咖啡或茶，甚至连比我更晚进公司的新人他也不会落下，偏偏每次都会有意无意地跳过我，从来不问我是否有需要。

“在一开始的一个月我曾经为这事很难过。一会儿反省是不是在哪里得罪他了，一会儿又愤愤不平地想这一定是对自己有偏见，经常在报复他还是讨好他之间摇摆不定，非常痛苦。

“可是还没等我想清楚究竟要怎么处理这件事的时候，工作突然变得非常忙。我作为新人本来要学习的东西就很多，突然又来了个大项目，所以每天都忙得脚不沾地，根本没时间去关注‘倒咖啡’这种小事了。

“时间过得很快，就在昨天，我突然发现，不知道是从什么时候开始，那个同事已经开始愿意为我倒咖啡了！我实在是想不起来这个改变究竟是从哪一天开始的。”

朋友为我讲这个故事的时候，我正穷困潦倒，内心阴霾一片。她用这件事告诉我一个道理，那就是即使我们不做任何改变，时间也会让生活改变的。所以无论现在的生活多么困难，前途多么渺茫，我们都不要失去信心，因为时间会让事情改变。

一个寓言故事说，一位国王想找一句最有哲理的话刻到他的戒指上，以时时警醒自己。大臣们冥思苦想，最后有人建议刻上这几个字——一切都会过去。

是的，一切都会过去，无论你处在生活的低谷还是高峰，无论你置身黑暗还是徜徉花海，一切都会过去，所有的今天都是明天的昨天。

也许此刻，你正志得意满，位高权重，一言出，千者诺。耳边，甜言蜜语；家中，高朋满座；出行，前呼后拥。但别忘了：月圆则亏，水满而溢。一切终会过去。

也许此刻，你正疾病缠身，生活艰难，风雨飘摇，前途黯淡。但你要坚信：久晴必雨，久雨定晴，一切终会过去。

不必斤斤计较于曾经的一杯咖啡，那样，你未来的咖啡都将失去味道。

生活的两点之间，
简单最短

“我愿意深深地扎入生活，

吮尽生活的骨髓，

过得扎实、简单，

把一切不属于生活的内容剔除得干净利落，

把生活逼到绝处，

用最基本的形式，

简单，简单，再简单。”

01

老师问学生:“从 A 点到 B 点，有两个选择，你会选择哪一个？一是走平坦大路，但是路途会长一些；一是走小路，路途近，但路不好走，坑坑包包的。”

一个学生说:“你的心想快一点儿，那就走小路；心想慢一点儿，就走大路。”

走哪条路，就看一颗心有什么需求。就这么简单。

人生，本来就没那么多复杂，是人心，扰乱了很多本来很简单的道理。

巴菲特说，人生境界的四个阶段从低到高分别是：聪明、智慧、天才、简单。聪明是可以被训练出来的，智慧则是通过训练和感悟才能获得的，天才是与生俱来的本能发挥，简单则是符合并顺应自然规律的状态。

朋友圈一个女生前段时间开始养蚕，然后每天晒她的养蚕动态，喂桑叶、清蚕屎，很是细心。就这样，在她的照片中蚕从破卵到吐丝结茧……所有人都期待着它化茧成蝶的那一刻，昨天她在朋友圈晒了一道菜：油炸茧蛹！

这就是她设定的结果，从最开始的点，到最后的点，她拉了一根最短的直线。虽然出乎大家意料，但是非常直接——我的目标就是要吃茧蛹，我的理想不想再远大了，到此为止，心满意足。

有人问汪曾祺因何写作？他说："原因无他，从小到大，数学不佳。"

有人问倪匡花养得这么好，有何秘诀？他说："多买。"

答案简洁明了，一步到位。

02

一所中学新换了黑板，在换完黑板上第一节课时，老师发现这黑板不仅写字困难，而且擦黑板也要费九牛二虎之力，一节课下来，学生们没有学到什么，只看到老师大汗淋漓地写字、擦黑板。下课的时候一位前排的学生去擦黑板，结果他在黑板的一角发现了什么，他揭下了一层膜，老师和同学们恍然大悟，原来老师是在这张膜上面写了一节课的板书。事情的真相往往简单至极，就看你是否可以揭开这层"膜"。

梭罗在瓦尔登湖畔隐居两年，自耕自食，体验简朴和接近自然的生活。在四季循环更替的过程中，用 18 篇散文详细记录了他内心的渴望、冲突、失望和自我调整，以及调整过后再次渴望的复杂的心路历程，几经循环，直到最终实现为止。梭罗挑战着他个人的，甚至是整个人类的界限。但这种挑战不是对实现自我价值的无限希望，而是伤后复原的无限力量。他想告诉后人，过度的物质需求，非但不会带来幸福，反而会成为生命的拖累。他写道："多余的财富，只能够买多余的东西，人的灵魂必需的东西，是不需要花钱买的。"

他还说过："我愿意深深地扎入生活，吮尽生活的骨髓，过得扎实、简单，把一切不属于生活的内容剔除得干净利落，把生活逼到绝处，用最基本的形式，简单，简单，再简单。"

古希腊的第欧根尼有一天看到一个小孩用手捧水喝，便把水杯从背袋里拿出来扔了，说："一个小孩在生活俭朴方面打败了我。"在另一种类似情况下，他看到一个打碎了盘子的小孩用一小块面包的空心部分来盛扁豆，于是他把碗也给扔了。

这多少有些极端，这么扔下去，不知道他还会剩下什么。但他知道，在追求极致简单的路上，尚看不到终点。

生活的两点之间，简单最短。

认清了生活的真相，还仍然热爱它

在我看来，

生活的真相就是，

苦乐纠缠，不死不休。

我们的身体上，

每一寸都刻着被时光钟爱的甜蜜与悲怆。

我们需要歌唱，

也可以随时喊疼。

01

1939年，年届五旬的诗人阿赫玛托娃因为患有严重的骨膜炎住院治疗。在与朋友闲聊时，她轻描淡写地谈起刚刚结束的手术：“大夫为我的忍耐力感到惊讶。我该在什么时候喊疼呢？术前不觉得疼；做手术时因钳子搁在嘴巴里喊不出声；术后，不值得喊。”

阿赫玛托娃是一个习惯隐忍的女人，命运将她的生活击得千疮百孔，可是她依然对生命高唱赞歌。她从不轻易喊疼，这反而更让人心疼。这件事验证了阿赫玛托娃的坚强及无比卓越的抗击打能力，但并不证明她不会释放痛苦。她是智慧的，她不能让疼痛这根刺长在心里，迟早要拔出来，不然会化脓。于是，她找到了一个出口，那就是诗歌。她把她的疼痛，揉搓、捣碎，悉数放到诗行里，于是，“俄罗斯诗歌的月亮”光芒万丈。

刘震云的小说《一句顶一万句》里，灯盏死了之后，老汪的那些举动令我动容。灯盏死时老汪没有伤心，甚至还说：“家里数她淘，烦死了，死了正好。”可是一个月后，当她看到灯盏吃剩下的一块月饼上还有着灯盏的牙印，悲痛便不可抑止了，心像刀剜一样疼。来到淹死灯盏的大水缸前，突然大放悲声。一哭起来没收住，整整哭了三个时辰。

有些苦痛，就像那月饼上的牙印，让人一下子找到“发泄口”，泄掉了内心奔涌而至的悲伤的洪水。

女儿每天都会把芭比的脑袋和胳膊卸下来，然后自己重新再装上去，再配以崭新的衣服，乐此不疲。我猛然觉得，自己又何尝不是命运的芭比，一次次被它肢解得七零八落，然后又一次次地慢慢组装、愈合。疼痛，是这其中不可或缺的黏合剂。

02

清晨，看见一个人从下水道爬上来，另一个人从32楼走下来，他们正好相遇。一个说，下水道堵了；一个说，楼顶有人要自杀。

下水道隔三岔五就堵一次，疏通的人勾出了很多头发丝、烂菜根，还能顺着水管隐约听到不断地争吵、怨怼。这一地鸡毛，把生活的管道堵得满满登登的。

许久没有好消息了，这日子就灰暗下来。房檐下滴雨，门后长青苔。工资原地踏步，检查身体三高变四高，状态差，没灵感，写点东西形同便秘……

诗人江一苇说，一个卑贱的人，因为懂得顺从，而得以苟活，得以穿过人世间最窄的裂缝。人生也需要必要的顺从。所以，不妨很大声地喊一声疼，把生活里所有堵的地方，都疏通一下。

打针叫人害怕的永远是擦拭酒精的那几秒钟，等你疼了想喊的时候，针已经打完了。这就是生活，就算喊疼，也要讲究个技术含量，要瞅准时机的。

罗曼·罗兰说，真正的英雄，是认清了生活的真相，还仍然热爱它。在我看来，生活的真相就是，苦乐纠缠，不死不休。我们的身体上，每一寸都刻着被时光钟爱的甜蜜与悲怆。我们需要歌唱，也可以随时喊疼。

疼痛是命运送给中年人的礼物。不信你试一下，假装这是个不眠之夜，假装有人一边数羊，一边念叨你的名字；假装流星坠落，砸中你的愿望；假装这天地，开了一扇门，允许你的怨恨跑出去；假装大雪封门，你不用上班，安心在屋子里写信，人过中年，收信人只有一个——岁月；假装朋友们没有离散；假装那壶酒还没有喝光；假装酒精膏还没有燃尽，砂锅还冒着热气；……

你在这么多的“假装”后面，有没有喊疼？如果有，告诉我，我陪你一起泪流满面。

03

16岁的时候我就离开了校园，倔强地去社会上闯荡，却屡屡碰壁，像一个小核桃，被一面墙弹回来，又弹到另一面墙上。那时候，感觉生命为我预支了好多年的雨，整个世界阴雨连绵，看不到一点儿晴天的迹象。

我热衷于写诗，疯狂地，没日没夜地写，越写越晦暗，渐渐就走入了死胡同。有一天突然心血来潮，想给自己的诗都配上画，就去报了一个绘画班。

绘画班的老师是个很仙风道骨的老人，他看出我萎靡的状态，和我说：“去画一画那棵秋天的树吧，一天一幅。”

我按照老师说的去做了。

老师问我：“眼前的树每一天都是一样的吗？”

我说：“是的。”

“不！”老师说，“今天的树比昨天少了一片叶子，或者，今天的树上停过一只鸟，这都是与昨天不一样的地方。”

“那么，假如有一天叶子都掉光了，你会说它们枯死了吗？”老师持续发问。

“当然不。”我说，“春天的时候，它们依然会重新发芽啊！”

老师强调，不论将来，只说眼前。任何一棵树在春天都会被认为是涅槃重生，可若只看眼下，你觉得它是不是枯死的？

这个还真不好说了，全身上下已经没有一丝绿色，叶子掉光了，说它枯死，似乎也可以。

可是，还有鸟落在树上，不是吗？鸟也是树的一部分！有鸟在，我们就不能叫它枯树。

那么，假如所有的鸟都绕过它，不再落在上面呢？

那也不能叫它枯树，因为还有风！风也是树的一部分，风是一棵树最敏感的手指，它可以抓住希望。

假如风也睡着了呢？

那也无妨，不是还有月亮吗！人，总有办法，总是会找到一个角度，让月亮落到那树梢上。

只要你愿意，那月亮总会落到心里，总会让那个希望，不灭。

老师的这一套理论，当时我并未觉得可以用来指引自己的心灵，只是觉得新奇罢了。

04

后来，我一步一个脚印地攀爬，总算爬出了那段晦暗时光。可是命运多舛，当人生的又一道坎儿横亘眼前的时候，尽管也充满悲伤，但我不至于那么慌乱，自己给自己的劝慰就是，一切交给时间吧，时间是一服良药，可以把不幸变成万幸。

朋友过来开导——一条路没有走通，不必懊悔，那或许只是意味着这条路本来就无法通往你要的幸福。另起一行，重新起步，才能真正找到属于你自己的路。自黑永远是安慰别人最好的方法，他说："家家有本难念的经，你家才一本，我家那可是‘藏经阁’啊！”

这些宽慰总能让我醍醐灌顶——已然是深渊，又何惧它再往下沉。

这时候再想到绘画老师的那些话，心里便豁然开朗了——只要风还在，那树就是活着的。想起那些年的那些事，心里满满的感动。生死一线的时候，妻子舍命挡刀；抢救室的外面，亲人和朋友们的祈祷；感情危机时，母亲小心翼翼地开导，以及父亲躲在门口焦急地偷听；事业受挫时，朋友一句“大鹅已备好，能饮一杯无”；……这不都是围绕在我身边的风吗？若我千疮百孔，那风就会把我当成竹笛来吹。

老家的院子里有一棵苹果树。从祖母开始，家里人就一直守护着它。那伟岸的躯干，为我们铺设了一地绿荫。在那穷苦的日子里，我们总是靠上面的果子打打牙祭，冲淡一下日子里的苦涩。那是穷人家的树，我们唯一的富有。苦的时候，它缩紧肋骨，也要为我们结出几颗甜来。

我在树下，闻到的不只是树上花的香气，果的甜蜜，还有绵延不尽的祖母和母亲爱的芬芳。

在我看来，这棵树就是家和日子的象征，祖母和母亲用她们母性的风，扇动着温暖和爱，并把它们缠绕在家的四周，一圈又一圈。不管家多么破旧，日子多么贫寒，有风在，活着的滋味就在。

我愿成风，也愿为树，我将近五十圈的年轮，足以形成一个旋涡，将我卷入一个叫幸福的巢穴。

赞美一种生活，

向世界表达善意

是啊，

简单、平凡、细水长流、阳光明媚的爱，

这正是我所要赞美的生活。

01

父亲做手术的时候，我向单位请了一周的假，前去护理。

病房里很拥挤，没有闲床，我只能坐在父亲的床边。为了打发无聊的时光，我埋头读书。有两个下午我把手头的书都看完了，邻床病人在睡觉不能开电视，父亲打点滴无法走开，唯一能做的就是发呆。看着窗外，太阳正慢慢西沉，云霞满天，仿若一幅油画，亦有一种静态的美感。

作家阿城在他的一篇小说里曾经说过：坐公共汽车去扫墓是最好的……颠簸的途中会有一个缅怀的过程，这很难得，也十分重要。须知，一年里这样的经历，这样有质量的日子并不多。

他用到了一个词——质量，有质量的日子，应该是什么样子的呢？

记得很小的时候，每逢祖母的忌日，父亲总是会亲自上灶，做几道拿手菜给我们吃，而其中有一道菜是做给祖母的，我们不能动筷。那是地三鲜，父亲很仔细地给土豆和茄子削皮、过油，葱姜蒜盐一样不少，做好后盛盘端放到祖母的遗像前。我们不免诧异地问父亲，做那么认真仔细干吗？祖母又吃不到嘴里去。父亲说："虔诚，不该只是做做样子。"

父亲让我懂得了，日子需要仪式感，过好每一个仪式，把那些重要而美好的日子记得再久些。

人在小的时候总梦想着长大后做大事，可是真正长大后，却又开始渴望变小，听听小调，喝点小酒，过小日子。人生所谓大事，不过是一件件小事堆积而成。

电视剧《人世间》里有一幕场景让我印象深刻。周秉昆的父亲退休，从外地赶回来，周秉昆的母亲好几年没见到老伴，得知丈夫不用再下乡，喜笑颜开。

睡觉之前，她还在兴奋地跟老伴聊天："给你说个好玩的事呗。春燕她妈跟我说呀，她家电视很少开，为啥呢，她要把电视节目都攒着，跟她老伴一块看。那我也攒了好多年的话，要跟你说呢。"

不知从何时起，人们热衷于玩儿起了数字爱情，比如"520""1314"等，每每到了这些日子，朋友圈里便热闹非凡，各种表白层出不穷，令人眼花缭乱。有时候，人往往是缺少爱，才刻意制造所谓爱的日子。母亲节的时候，我就劝一些人，先问候一下母亲，然后再发朋友圈。或许你发朋友圈的本意是传播一种孝道，但也要自己先做好示范才行。

爱人，爱猫，爱狗，爱生灵，爱世间万物，一切由心。不缺少爱的人，每一个庸常的日子，一缕饭香都可以是礼物。一丝风，一束阳光，都是礼物。

清晨，我爬回床上。妻的鼾声还在，昨晚的月还在，淡淡的，若隐若现在云层里。我知道我不能继续我的梦，但还是想微睡片刻。球兰在夜里开，花香也在夜里散，早晨，香气还在，浸润到我们的梦里。我想等妻醒来，告诉她，球兰在昨夜开了，开的时候，你的睫毛动了一下。

一块砖挨着另一块砖，不说话，但彼此依靠，垒成一堵墙，砌出一间房，挡住呼啸的风，圈住幸福的人，守住踏踏实实的日子。

偶尔的争执、怨怼，都无关大局，就像妻子切的冬瓜，不管是厚是薄，烹调出的都是尘世的好味道。

你看，人间烟火升腾出来的雾霭缭绕，总是给人温暖而又无限向往的浪漫深情。你看，你在白天做饭洗衣收拾家务，他开门卖掉一双鞋子、一把刷子，我在夜里放下所有的算计，用文字去表达早上切破了的手指，中午那条鱼咽掉最后一口气泡时的挣扎……

想想，这样的日子才是日子呀，活着的，动荡的，坚定不移地向前奔跑着的日子。

我经常说，我的写作，不过是用另一种方式让日子再现，用文字在别人饱经风霜的路旁种下一些花，用文字在公园长椅上多撒下一点阳光……努力让文字拥有更大的能量，让灵魂更轻一点儿。

今天的粥糊了，没关系，文字让它有了咖啡味儿，香气绵延，满屋缭绕。

经营日子，是一门大学问。有的家庭几根面条，就能撑起热腾腾的日子。有的家庭一堆存款，反而把日子折腾得七颠八倒。有些人把日子过成了锅巴，有些人把日子过成了诗歌。要掌握好火候，要营养搭配，荤中有素，素中有荤，日子才有滋味。

“幸福的日子，要点灯来看，要用两只手，抱在胸前”（苏浅语），如今，我们老了，幸福的日子，需要戴着花镜，去仔细地看。

有质量的日子，大抵如此。最起码，应该是不缺钙的日子。

02

被家人扔掉许多次的一台老式收音机，现在仍静静地坐在我的书桌上，做我灵魂的邻居，延续着它古典而又忧伤的风烛残年。总能感到有什么东西在那里静静地流淌，一团无比温顺的痒？一丝无比惬意的凉？自己仿佛成了一尾鱼，畅快地游在其中，并像找到了家园一般欢呼雀跃，却不再飞翔，而是静静地歇着，一颗流浪的心，一双幻想的翼。

我喜欢在夜里拧开它，并不是为了收听什么特别的节目，只为看那调频窗里一闪一闪的小红灯，它们依然那样神秘，牵动我从童年一路奔跑过来的诸多遐想和思念。

记得小时候没有电视，父亲每天下班回来，第一件事就是摆弄他的收音机，父亲喜欢评书，每天都会准时收听，不管你有多急的事也甭想叫动他，他的表情随着讲书人的抑扬顿挫变化着，当讲书人一拍惊堂木说道：“欲知后事如何，且听下回分解”的时候，父亲总是咂巴咂巴嘴，一副没听够的样子。当然，《小喇叭》节目一来的时候，收音机就是我的了。父亲会仔仔细细地把收音机调理得一点儿杂音都没有，他常说："爸没文化，不能给你讲故事，就让收音机里的爷爷给你讲吧。"

夏天，吃过晚饭，夜的黑色丝绸就软软地将我们裹住了。一家人在黑暗中坐着，拢起一把火驱着蚊虫，听着收音机里的故事，不知何时，父亲会悄悄递过来一块西瓜，在井底储藏过的西瓜凉凉的，那种感觉现在想起来真是惬意极了。

睡觉前，父亲也会把收音机放到枕头边上，听他最喜欢的《农村天地》，父亲是个工人，却喜欢听农村人的生活，这就是"工农一家亲"吧。当然，每天必不可少的是听早间新闻和天气预报，按照父亲的说法，听新闻就是要了解家国大事，听天气预报是要咂摸老天爷的脾气，都是很重要的事情。

一台破旧的收音机在我的书桌上静静流淌着经年的往事，陪着我度过那么多忧伤的日子，我盯着那一闪一闪的小红灯，它似乎充满着某种神秘的力量，我相信它能带给我那些逝去的亲人们的消息，尤其是挚爱的祖母。直到某一天，它不再发声，始终沉默着，只有调频窗里的小红灯依然一闪一闪的，像永不熄灭的童话。

我没有刻意去修理它，我想它沉默自然有它沉默的理由，比如心灵受了伤。它让我想起了父亲，自从祖母去世以后，父亲的话就很少了，我们绞尽脑汁，也无法使父亲从悲伤中挣脱出来。他闲不住，就替我们打扫房间，把屋子的每一个角落都擦拭得干干净净。冰箱、电脑、扫地机器人……这是一个用现代化包装起来的家，可是我的书桌上，这台破旧的收音机，显得有些“另类”，然而，父亲每次在擦拭它的时候，都会在那里静静地待上一会儿，他感到了某种亲切，一边擦着一边在嘴里念叨：“这孩子，还行！”顺道就把它修理好了。

我不清楚这一句“还行”是什么意思，但我真切地感受到了父亲踏实的呼吸，这是一种称许，大概是因为我善待着老去的旧物的缘故吧，就像在一大堆新潮的婚纱影楼里拍的照片中，赫然珍藏着一张发黄的遥远年代里的照片一样。父亲说，原子弹试验成功的消息是从这里面听到的，毛主席去世的消息也是从这里面听到的，一台普通的收音机，曾经牵动着多少人的心啊！这普普通通的收音机，一直住在我灵魂的隔壁，它是我朴素的邻居。

父亲生日那天，我给他点播了他曾经最喜欢的评书，沉默了许久的收音机就这样和父亲一起重新走进了生活，重新开始了快乐的唠叨。

我要赞美的生活，就这样简单、平凡、细水长流。外面下着雨，爱人在煮饺子。我望着窗外的雨，闻着饺子的香味。

你看，外面雨点儿再大，也挡不住锅里的饺子熟了。

右手所做，
不让左手知道

在人生的低谷，

我们常常会抱怨，

误以为天使不在，

其实他们就在我们身边，

只不过是隐身的。

就像鸟儿飞过，

却没有在天空留下痕迹。

01

我们从来不会见到那些善良的天使，但我们总能在某一个温馨的时刻碰触到他们的翅膀。

由于双方父母的反对，我的婚姻没得到任何支持和祝福，只能和妻子带着两套行李来到这个陌生的城市，开始一桩注定充满磨难与疼痛的婚姻。那时候的我们一无所有，一切都得从零开始。

“这苦命的孩子啊！”房东太太是个热心肠，看到我们什么家当都没有，就从仓房里翻出些能用的东西送给我们，像什么桌椅板凳、锅碗瓢盆之类的，一方小炕连个铺的都没有，她就又倒腾出一块席子给我们用。

妻子怀孕，特别馋油水大的东西，可是我们连买豆油都没有一次超过一斤的。对此，我的内心怀着深深的愧疚。邻居们看到新搬来的这对贫苦夫妻，都不免很是同情，但我们却很不自在，在他们的眼睛里读到了自己的酸甜苦辣。我们虽然穷，但一样有尊严。

“苦日子总会过去的，别犯愁。”房东太太总会时不时地劝我们几句，后来在房东太太的介绍下，我临时去街道找了份送水的工作，虽然辛苦，但生活总算有了盼头。

有一天中午下班回来，妻子不在，我只看见桌子上放着一盒满满的热气腾腾的盒饭，里面还有久违了的五花肉。妻子一定是觉得我每天出苦力干活太累，要给我补充营养。其实，妻子怀孕了，最该补充营养的是她啊。我吃了一小半，剩下的给她留着。然后倒头午休去了，醒来的时候，妻子和我说："你今天买回来的盒饭真好吃啊，很久没吃到肉了呢！"

我一下子愣住了，那会是谁送来的呢？

"肯定是房东太太。"妻子说。她去后山拾掇柴火，临走的时候，依稀看到房东太太蹑手蹑脚，像做贼一样地去了我们屋子里一趟。

哲认说："你们行善，要暗暗地进行，右手所做的，甚至不让左手知道。"我想，房东太太就是这样一个善良的人，想尽最大的力量帮助我们，却又不想让我们的尊严受到伤害，所以才偷偷地进行着她的善行。

02

那个冬天让我们感到温暖的，除了房东太太，还有那些可爱的邻居们。

邻居马奶奶是个退休教师，老伴几年前去世了。孩子们都住着楼房，要接她去她不肯，她习惯住平房，就一个人在这里住着。平日里她喜欢站在院子里隔着栅栏和我妻子聊天，不管天多冷也挡不住她的话匣子，从而也大抵知道了我们的窘境。她常常为我们的贫穷咂咂嘴，跟着叹息。我不免有些埋怨妻子，为什么要那么赤裸裸地把自己的窘境全盘说给别人听呢，那样只会换来别人的同情和怜悯，除此之外，还能有什么呢？

马奶奶还喜欢刨根问底，非要把我穷困潦倒的伤疤重新揭开不可，这些都是我不喜欢的。我拎着大大的油桶却只买回来一斤豆油的时候，想躲着邻居们走，可还是躲不开，我依稀能听到他们在我身后小声嘀咕着什么，我仿佛做了什么难堪的事情一样，脸羞臊得像块火烧云一样。

有一天，妻子最好的朋友要来看我们。这可愁坏了妻子，我们实在掏不出钱来买菜招待朋友。妻子情急之下，带着满腹的委屈呜呜地哭了起来。这时候就听见马奶奶在外面喊："小朱啊，怎么把媳妇儿惹哭了呢？可不许欺负媳妇儿啊！"听了我的难处之后，马奶奶二话没说递给我们一百元钱："先拿着应应急吧，谁都有受憋的时候。"

从那以后，隔三岔五的就有人从大门口的门缝里往我们的院子里放东西，有时候是一块新鲜的冻肉，有时候是一坨海带、几条刀鱼或者几块冻豆腐，不知不觉间我们的年货都差不多齐全了。我们不知道是谁在暗中施舍，但我们知道，那个人肯定是个天使，就像房东太太和马奶奶一样。

过年了，邻居们纷纷来串门，说着祝福的话，我度过了生命中最贫苦也最温暖的一个年。

在那个冬天，为了表达我的感恩之情，唯一能做的，就是在下了大雪的时候早早地起床，偷偷地替邻居们把门前的雪打扫干净。虽然我穷，但我也想用我自己的方式，做一个隐身天使。

在人生的低谷，我们常常会抱怨，误以为天使不在，其实他们就在我们身边，只不过是隐身的。就像鸟儿飞过，却没有在天空留下痕迹。

对着木头笑，
它就会长出很多耳朵来

我的记忆里总会浮现出那样的画面——父亲神秘地对我说：

“你对着这根木头笑，

过几天那木头就会长出很多耳朵来。

不信你试试看！”

01

木耳，我愿意叫它木头的耳朵。湿淋淋的耳朵趴在湿漉漉的木头上，倾听着这个世界的欢喜悲忧。然后，这些小耳朵们被采摘，被拿到市场上去贩卖。

刚买回来的木耳是干的。黑色的，外面有点灰色，像蒙着一层灰。看上去，它们有的像蝙蝠，有的像小刀，有的像伤口上揭下来的疤，千奇百怪。闻，有一种白醋的味道。摸起来是硬的，很容易断，上面还有好多皱纹，像老人的脸。把干木耳放入水中，木耳的颜色由灰变黑。它浮在水面上，表面布满了气泡。气泡消失后，它们就沉了下去，越涨越大，慢慢就变成了光滑的耳朵。一口下去，脆脆的，发出“吱”的声音，不容易嚼烂，但好吃。每吃一块，就像肠子被洗了一遍似的，是舒爽的。

肚子里吃进去那么多耳朵，那是不是会听到更多的声音呢？赞美、诅咒或者谗言，我不知道，反正那会儿我听到了来自童年的声音。

小时候，我一点男子汉气概都没有，遇到一点点小事就退缩，特别喜欢哭鼻子。我有一个发小叫侯斌，是我唯一的死党，每天一起上学一起放学，因为姓氏的缘故，我总管他叫大师兄，他则管我叫二师弟。一个猪一个猴嘛。他胆子大，谁若是欺负我，他总会替我出头，还真有个大师兄的样子。虽说自己胆子小，但总懂得投桃报李吧，这不，有一天我们没一起去上学，他迟到了，老师问他迟到的原因，他支支吾吾了半天，说家里老妈病了，他去给买药，结果就迟到了。老师狐疑地问："真的？"他点点头，为了证实自己所言非虚，他大声说："二师弟可以为我作证。"同学们一阵哄堂大笑。老师自然知道他所说的二师弟就是我，就戏谑地问我："二师弟，大师兄所言是否属实？"

作为可以两肋插刀的哥们，我自然责无旁贷。我学着老师的腔调答曰："大师兄所言非虚，如假包换。"

"换什么换，给我去墙角站着去！"老师秒变脸，忽然就发了飙！

原来，大师兄又馋又贪玩儿，有户人家的杏树上结了很多杏子，这小子眼馋很久了，看到人家的门上了锁，终于逮到机会，猴子般蹿上树，专挑大的，吃了个够。这还不算，把书包也装了个满满当当，就这样迟到了。碰巧当时老师骑车路过，瞥见了树上的这只"馋猫"。

老师训斥大师兄，吃了的也就吃了，书包里这些杏子必须给人家还回去，而且要真诚地道歉。大师兄捣蒜般点头，并心虚地看了我一眼。

我真为自己不值，帮他撒谎，被老师罚站了一节课，放学了也没让回家。父亲去学校接我的时候，看到我在那里哭得涕泪交加，好不令人厌恶。父亲唯唯诺诺地和老师说了很多好听的话，并保证回家一定好好管教孩子。我一颗心悬了一整天，不知道父亲会如何"管教"我。意外的是，平时一向严厉的父亲这一次却并没有训斥我，而是让我和他一起去后园收木耳，也并没有提及学校里的事情。

02

父亲让我看那些木头上的木耳，他说："看吧，这些木头都长了耳朵。它们听得见我们说的每一句话，而且，你是否说谎，它们也听得出来的。"

"真的吗？"我简直不敢相信。

父亲接着说："你还别不信，它们喜欢听真话，也喜欢看到人的笑脸，所以，你最好别当着它们的面说谎和抽吧脸。"

父亲说他打从祖父那里继承种植木耳这门手艺起，祖父就一直告诉他，不能当着木头的面说谎和哭泣，不然那木头就不会把耳朵支棱出来。

年少的父亲信以为真，年少的我也信以为真。后来慢慢长大，终于知道这是玩笑话，但我却宁愿相信这是真的，因为这听上去真的很美好。父亲是想让我通过木头的耳朵，听到一个男孩子最该具备的品质是诚实和勇敢。所以，我的记忆里总会浮现出那样的画面——父亲神秘地对我说："你对着这根木头笑，过几天那木头就会长出很多耳朵来。不信你试试看！”我竟真的趴在那里，对着那根木头傻乎乎地笑啊笑，笑得眼泪都出来了。然后每一天，我都会去看它，令我感到惊奇的是，那木头上真的有一朵朵的小耳朵冒出来，并且在以后的日子里，一天天肥壮起来。

我感觉到世间的美妙，很长一段时间，我都坚信，那就是我的笑声，通过木耳的形状，绽放出来。

万物皆有各自活着的轨迹，请勿叨扰

失意事来，治之以忍，方不为失意所苦；

快心事来，处之以淡，方不为快心所惑。

万物皆有各自活着的轨迹，

请勿叨扰。

01

篮筐被卸掉了，可是孩子们仍旧一次次将球投向篮板。那个曾经有篮筐的地方，没有人能判断那个球是否投篮成功，没有篮筐，就换个规则——玩儿橄榄球如何？

生活总是有那么多不完美，迁就它，不如改变它。比如坐公交，睡着了，坐过了站，好吧，正好这里有个修鞋摊，把鞋子的拉链修一修。

在同一棵花树下，有人赠我以笑意，我们彼此互生好感，皆因我们一同爱着这花树，爱屋及乌；在同一个事故现场，有人投我以冷眼，我们彼此心生厌恶，皆因互相猜测对方是使坏之人，殃及池鱼。在不一样的环境里，亦会造成不一样的感觉。

02

有一次，我和朋友们聊起在家的排行。新英说，她居中间，有哥哥姐姐，也有弟弟妹妹，小时候觉得自己是被忽略被遗忘的，现在大家都羡慕她福全。

我告诉她，你居于哪个位置，就有哪个位置的光。在那里，云不会多给你一件衣衫，但你的衣衫正合身。光也不会多给你一盏茶饮，但茶后存香。自然，风也不会多给你弹一曲微凉，但风来得恰到好处。

万千世界，你居于哪个位置，就有哪个位置的好。

画师看了一遍又一遍不同的弟子所画的山峰，无一例外地摇摇头。

是弟子们画得不像吗？画师说，不是让你们画得逼真，而是要让你们画出它的魂魄。弟子们终究还是没有画出令画师满意的山峰。我却不把这归结为弟子们画技不精，而是认为那山峰没有被尘世的画笔所驯服。就像某些人，终能保留一身桀骜不驯的棱角，俗世终究无法将他们驯服。

03

某一天，我被一只蜜蜂蜇到了，手肿得老高，没办法上班，只好请假在家，仔细想想被蜇的前因后果。我只是在花间流连，并没有做过分之事，这蜜蜂怎么就看我不顺眼呢？我没折花，也无轻浮之举，怎么就把我如同流氓一样给惩罚了呢？

我确信自己没有惊扰到它，可是，我真的被它蜇到了。我想不明白，我与它一无怨二无仇，它给我带来疼痛的同时，也给自己带来死亡。我想只有一个解释，那就是——这是一只得了臆想症的蜜蜂，它总是怀疑某个人会攻击他，所以，先下手为强。我是那个它臆想中的攻击者。

这小得不能再小的小事，告诉了我谨小慎微的好处，如果你不懂得收敛，下一次蜇你的，就不一定是蜜蜂了，很有可能是命运的毒针。

人生的意外之事，实在是始料不及。它们就像晴日里忽然降下的雨，说来就来，说停就停，完全就是天空的意气用事。对此，你无能为力。不过，我的意见是，人生大可不必太在意那些意外之事，忽然间煽动的翅膀，只能让午后的安静更静，刹那间投下的石子，只能让湖面的清澈更清。

土豆在厨房里，默默地长出了芽，它以为这很浪漫，也很温情，可是主人却把它扔进了垃圾桶。它想不明白，我长出了这么好看的芽，为什么还被抛弃了呢?

自作多情是多余的，甚至，有一些还是有毒的。太在意别人的看法，往往就弄丢了自己。

下了薄薄的雪，我走在雪地上，看到前面大大的脚印，很是惊讶，怎么会有这么大的脚呢?不自觉地就在那个脚印旁边印上自己的脚印，原来，我的脚印竟然和他一般大。这可真是出乎我的意料，原来，你眼里看到的，一直以为惊奇的，其实你自己就拥有。我们总是太在意别人的优点和缺点，对于自身的关照，总是差那么一点点。

曾国藩有句话：失意事来，治之以忍，方不为失意所苦；快心事来，处之以淡，方不为快心所惑。

请记得，万物皆有各自活着的轨迹，请勿叨扰。

用光和温暖

为人间止疼

当我的心灵非常澄澈宁静时，

就会产生一个重心，有了重心，

就会有完整的心灵。

01

诗人路也说："亲爱的"这三个字，像三块烤红薯。

我觉得，一块红薯，一个人吃，比不上掰开来，两个人一起吃香甜。那是我们婚后的第一个除夕之夜，烟花最绚烂的时刻，其他人家围坐在一起，吃着丰盛的年夜饭，我们却只有一块烤红薯。

第二个除夕，我们有十八元，要买一张红纸，我们自己写对联，因为再贫寒也需要一点喜气。买了一些破损处理的菜，够我们吃好多天。泡菜里的几块豆卷是我的最爱，要当作年夜饭的主打菜；一瓶留了好长时间的酒，把我们从寒冷的现实带向美好的幻境，酒可真是好东西！

第三个除夕，终于见到肉的影子。我们的孩子，把菜里剩下的唯一的一块肉夹给她的妈妈，她妈妈又夹回她碗里，她又把它夹给我，我躲开了，背过身去，让自己不争气的眼泪成功地避开了她们的视线。

从那一刻起，我发誓，一定要让她们过上好日子。

好多个傍晚，我扛了一天的麻袋，步履蹒跚地往出租屋走，一路上，看到万家灯火，想着某一天，会有一盏灯是独属于我们的。

春天倒寒潮，炉子不好烧，屋子里浓烟滚滚，我们分不清，到底为何而流泪。

孩子发着高烧，我们抱去医院，却没有钱输液，只好去药店买退烧药。大颗的泪珠掉到孩子脸上，孩子伸出小手，给我擦眼泪："爸爸不哭，宝宝不难受了。”

我们经历着人间的疼，却依然热气腾腾地活着。老婆比我更像男人，因为她从没有在那些苦日子里掉过一滴眼泪。但是当我们终于在这座城市里有了自己的房子，她的眼泪再也没能忍住，汹涌而出，仿佛一座堤坝被轰然炸毁。这就是可亲可爱的女人，她总会为你的贫寒而隐忍，紧咬牙关，可是某一天，却要为你的成功而号啕大哭。

02

韩国一位母亲因为三年前女儿娜妍的去世，一直感到愧疚，无法从悲痛中走出。韩国一家电视媒体得知消息后，为了帮助这位母亲，用时8个月，采用VR技术，帮助这位母亲重现了与女儿相见的场景，并帮助这位母亲实现了与女儿道别的愿望。

娜妍在家排行老三，有一个哥哥、一个姐姐、一个妹妹。三年前娜妍嗓子红肿去了医院，之后连续高烧不退，本以为是普通感冒，但后期检查结果为白血病。在与病魔抗争半年后，娜妍还是离开了这个世界。娜妍的妈妈感到十分悲痛，在这三年里，她总是会想起娜妍，一直想再见女儿一面，跟女儿说说心里话。

通过VR技术，娜妍的妈妈终于再次见到了娜妍，在虚拟世界里重新感受女儿的音容笑貌。她跟娜妍一起过了一个生日，一起吃了晚餐，并且一起玩耍。

在最后，妈妈陪伴娜妍安静地睡去，随后娜妍化作一只蝴蝶，从床上飞走了，与妈妈做了最后的道别。

“妈妈，我爱你。”

“妈妈，再见。”

……

有人评论说，这样太残忍了，让母亲再一次经历了失去女儿的痛苦。我却认为，这个梦是治愈的，它绝不仅仅是爱的回光返照，而是一种鼓励人继续活下去的梦。

03

这个世界上，每个人都不容易。

盛夏烈日下，我曾看见一个卖雪糕的老人，在路口孑然独立，苍老的脸晒成古铜色。我问他，为何不去找个阴凉的地方。他说，这个路口来往的车和人很多，他可以多赚点钱。老伴儿和他都有病，一服中药要很多钱呢。

我把手中的太阳伞送给他，又把他的雪糕都买走了。我的心疼得厉害——他把仅有的那点甜售卖出去，然后换回更苦的药，去医自己半生的疼。

记得有一个风雪天，胖婶儿在垃圾箱边捡到一个婴儿，是个女娃。她抱回家，养到三岁大，死于白血病。女娃的亲生父母应该知道女娃有这个病，所以把她丢弃了，任她自生自灭。这是一件悲伤的事，胖婶儿却擦了擦眼泪说："这孩子好命，死在我怀里，比死在风雪里好。"她说的这些话，仿佛在安慰自己，又仿佛在安慰人间。

为何这雪下个不停？因为，人间的疼痛是漫无边际的。你再疼，疼的也只是冰山一角，你永远无法路过人间所有的疼。好在，万家灯火渐次亮起，它们就像一粒粒火种，渐渐地蔓延成一张灯光之毯，用光和温暖为人间止疼。